たった

1日で基本が身に付く！

Go言語

超入門

清水 美樹［著］
Miki Shimizu

技術評論社

■ 本書をお読みになる前に

- 本書に記載された内容は、情報の提供のみを目的としています。したがって、本書を用いた運用は、必ずお客様自身の責任と判断によって行ってください。ソフトウェアの操作や掲載されているプログラム等の実行結果など、これらの運用の結果について、技術評論社および著者、サービス提供者はいかなる責任も負いません。

- 本書記載の情報は、2020年10月現在のものを掲載しています。ご利用時には変更されている場合もあります。ソフトウェア等はバージョンアップされる場合があり、本書での説明とは機能内容や画面図などが異なってしまうこともあり得ます。本書ご購入の前に、必ずバージョン番号をご確認ください。

- 本書の内容は、以下の環境で動作を検証しています。

  Windows 10 Home
  go1.14.6
  Visual Studio Code 1.48.2

以上の注意事項をご承諾いただいた上で、本書をご利用願います。これらの注意事項をお読みいただかずにお問い合わせいただいても、技術評論社および著者、サービス提供者は対処しかねます。あらかじめ、ご承知おきください。

はじめに

プログラミングを初めて学ぶのに用いる言語は何が良いでしょうか。AIの開発と需要が急増中の2020年代、Pythonは圧倒的な人気です。Microsoft系の開発にはC#、WebならJavaScriptやJavaなど、どの言語もそれぞれに面白さ、便利さがあります。

その中で、本書はGo言語（以下Go）のプログラミング初心者を読者と想定して書いています。GoはGoogleの開発者がそれまでの経験をもとに、各言語の長所を取り入れ短所を抑え、またこれまでにどのようなアプリケーションが求められてきたか考慮して開発した言語です。最近では同社のサービスだけでなく、いろいろな企業や研究組織で使われるようになっています。

「データの種類（数値か、文字か…）」を区別するところ、「構造体」「ポインタ」などの書き方に、C言語を匂わせるものがありますが、略記法も多く与えられているのでC言語よりも簡単です。C言語の経験がある人、いずれはC言語にも取り組んでみたい人などは、Goからプログラミングを始めてみるのもいかがでしょうか。

本書では、最初に「そもそも、プログラミングとは何か」という解説から始めます。プログラミングの歴史は長く範囲は広く、正確に網羅するのはとても無理ですから、かなり割り切って解説してあります。それでも、「最初のプログラムが動くまで」に、何をやっているのかがわかると、心強いと思います。プログラミングに共通の「式」「文」「変数」「演算子」などの説明もしながら最初のプログラミングを進めていきます。

本書の最後に、最近の技術トレンドである並列処理、画像解析、実用的なWebサーバなどのプログラミングを体験します。ほんの触りとなる基本的なプログラムであるため、たいしたことはできません。しかし、実際のアプリケーションのようなシナリオでプログラムを書く経験をしておくことは、のちのプログラミングスキル向上に必ず役立つはずです。

2020年10月
清水　美樹

サンプルファイルのダウンロード

本書で紹介しているサンプルファイルは、以下のサポートサイトからダウンロードできます。

サポートサイト https://gihyo.jp/book/2020/978-4-297-11617-0/support

サンプルファイルのフォルダ構成

ダウンロードしたファイルはZIP形式で圧縮されています。ツールなどで展開してから使用してください。展開すると以下の図のようなフォルダ構成になっています。

● **ZIPファイル展開後のフォルダ構成**

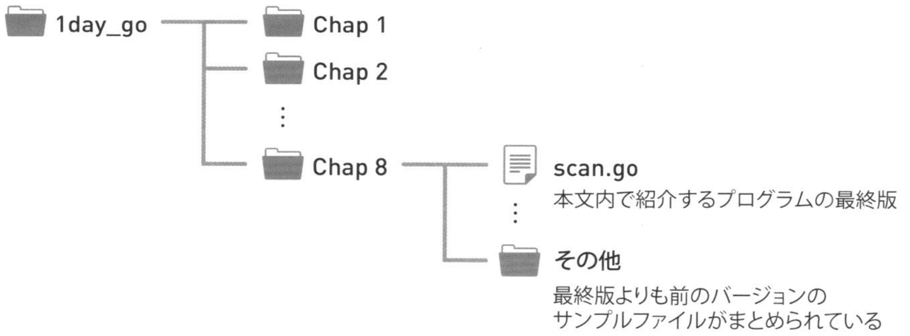

サンプルファイルを使用するには、プログラム保存用として作成したgoフォルダ（P.19参照）の下に移動もしくはコピーをしてください。

また、同名のプログラムを追加もしくは書き換えている場合（ex.P.141のpointout.go）は、その途中段階のプログラムをchap xフォルダの下にあるその他フォルダに入れています。複数のバージョンが存在することもありますので、P.141のpointout.goはp141_pointoutフォルダ、P.143のpointout.goはp143_pointoutフォルダという名前にしています。これらを使用する際は、p141_pointoutフォルダをpointoutフォルダに名前を変更するなどを行ってください。

CONTENTS

CONTENTS

CHAPTER 2 よく使うデータ型

CHAPTER 3 処理の流れを操る制御文

CHAPTER 4 複雑な処理をまとめる関数

CHAPTER 5 複雑なデータ構造を記述する構造体

CHAPTER 6 データを直接指し示すポインタ

CHAPTER 7 Goプログラミングの注意事項

CHAPTER 8 Go言語の魅力を体験するプログラム

CHAPTER

1

Let's go！　Go言語

本章では「プログラミングがまったくはじめて」という方のために、「プログラミングとは何か」というごく基本的な考え方から説明していきます。「すでに他の言語を学習したことがあるが、Go言語も使えるようになりたい」という方にとっても、プログラミング基礎の確認になるはずです。

SECTION
01

プログラミングとGo言語

Go言語を始める前に、「そもそもプログラミングとは何か」「なぜいろいろなプログラミング言語があって、その中でGo言語を学ぼうとするのか」などという考えを明確にしておきましょう。

◎ プログラミングとは

コンピュータでできることには、大きく分けて以下の2種類があります。

① **数値の計算**
② **文字の並べ替え**

これらの単純な作業を積み重ねていくことで、複雑な気象予測やインターネットサービス、AIのサービスなどが構築されているのです。

ただし、コンピュータに何をさせるかを考えるのは人間です。コンピュータは人間が書いた計画書を機械制御の信号に変換して実行しています。この計画書は人間が読み書きしやすく、かつ機械でも処理しやすいように、決まった書き方を用います。この計画書を**プログラム**、プログラムを書く作業を**プログラミング**といいます。

人間が書いた内容を制御信号に変換するのは容易なことではありません。ですから、機械寄りの無味乾燥な記号の列記（これを**低水準のプログラム**と呼びます）から、人間が理解しやすく、たくさんの作業を短い命令に凝縮した記述（これを**高水準のプログラム**と呼びます）が積み重なって、汎用、または特定の目的のための大きなプログラムが構築されます。

◎ なぜいろいろなプログラミング言語があるのか

機械寄りといえる低水準なプログラムは、機械についてよく理解していなければ書くことができません。一方、私たちにとって一番重要なことは「プログラムを書いて何をしたいか」です。たとえば、複雑な計算をしたい、大量のデータをまとめたい、文書から特定の語句を検索したい、商取引を行いたいなどです。

コンピュータが実際に動くしくみにとらわれず、私たちがコンピュータでできることを指示するための記法がプログラミング言語です。プログラム言語には文法や構文などが体系的に決められており、人間同士で使う言語になぞって言語という言葉が使われています。

プログラミングを行う場合は、まず以下の2つが必要となります。

① 言語体系を理解すること
② 制御信号に変換するソフトウェアをインストールすること

①は当たり前のことですが、言語の決まりごとを理解しなければプログラムを書くことができません。

②のソフトウェアは**コンパイラ**と呼ばれています（現在では、機械寄りの部分はWindowsなどOSが担当するので、OSの命令にまで変換）。書いたプログラムを実行する場合は、このコンパイラをインストールする必要があります。コンパイラでは、プログラムを変換して実行プログラムを作成します（Windowsの場合は拡張子.exeのファイル）。

しかし、コンパイラで実行ファイルを作成するのではなく、OSに一時的に②の働きをするソフトウェアをインストールする言語もあります。一時的とは、実行プログラムのファイルを保存せず、書いた言語をその都度読み込んで実行プログラムの内容を発生させるのです。このようなソフトウェアを**実行環境**と呼びます。

図1-1 コンパイラを用いるプログラミングと、実行環境を用いるプログラミング

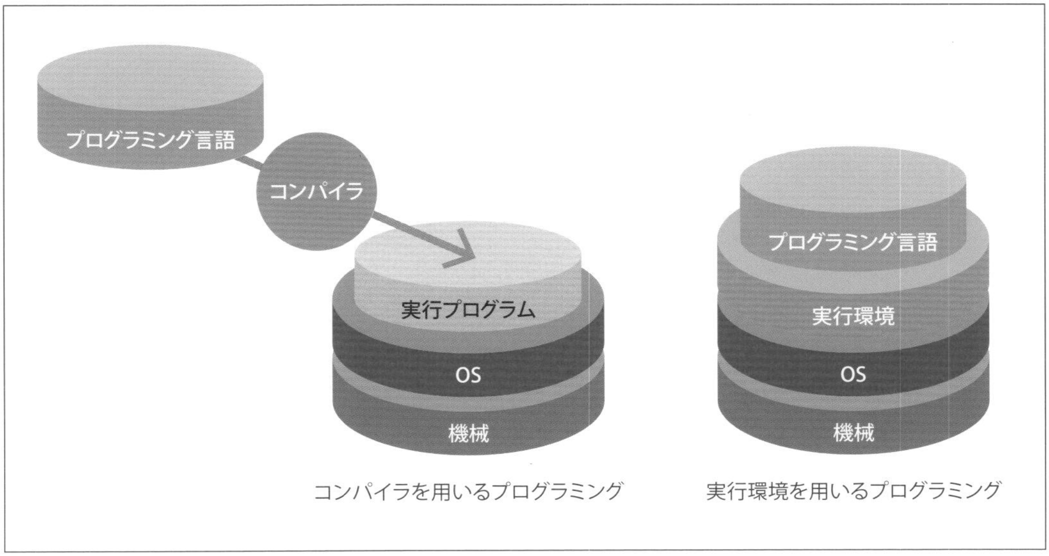

コンパイラおよび実行環境は、以下のような既製のプログラムで構成されています。

- **ライブラリ**
  このプログラム言語で書く複雑な記述がまとめられ、私たちが書くプログラムの中で内容を呼び出すことができる
- **コマンドツール**
  プログラムを変換したり実行したりするための小さなアプリケーション

◎ 主なプログラミング言語

Go言語以外で、現在広く知られているプログラミング言語は表1-1の通りです。各言語について詳しく知りたい方は専門書やWebサイトなどを参照してください。

表1-1 主なプログラミング言語

言語	説明
C/C++	コンピュータのインフラに近いところで多く使われている言語。OS自体をはじめとして、Webブラウザやオフィスツールなど多機能で高負荷なアプリケーション、周辺機器のドライバなど幅広い用途で使用されている。コンパイラを用いる
Java	オブジェクト指向言語だが、C言語の書き方を踏襲している部分がある。高機能なライブラリや、コード補完のある開発ツールが充実し、Webアプリケーションサーバーによく用いられる。実行環境をインストールした上でコンパイラで中間言語に変換する
C#	Microsoftの.NETフレームワークを実行環境とするオブジェクト指向言語。コンパイラが必要。Microsoft Visual Studioが主要な開発ツール
Python	科学技術計算、とりわけ最近はAIの記述言語として需要が高くなっている言語。最近ではJupyter Notebookという対話的な実行環境で、少しずつコードを試していく方法が好まれている。実行環境を用いる
JavaScript	HTML5との組み合わせでWebページの記述で使用される言語。Webブラウザに実行環境が実装され、最終的にJavaScriptに変換してWebページに使えるという言語やフレームワークも出ている

◎ Go言語の特徴

本書で学ぶGo言語は、コンパイラを用いてOS上で直接動く実行プログラムを作成します。Go言語は、プログラミング言語の中でも比較的後発の位置付けとなる言語で、2009年に登場しました。2012年にリリースされたバージョン1からWindowsもサポートしています。

開発は**Google**を中心に進められています。GoogleではそれまでJava、Python、C/C++などの言語が主に使われていましたが、それらの長所・短所を研究しGo言語をゼロから構築しました。Googleのいろいろなサービスやアプリケーションの開発がGo言語で開発されており、今後が期待されています。

またGo言語では、C言語で使われているような古典的な処理から、最近のクラウドやAIに使われているような先進的な機能までが幅広い機能が用意されています。その中で本書で学んでいく機能を以下にいくつか紹介します。

- **関数**
  最近高い評価を受けている「値としての関数」がGo言語でも積極的に使われている（4章参照）
- **ポインタ**
  値が記憶されているメモリのアドレスそのものを指定して読み書きする（ただしOSの保護下で）ことで処理を高速に、プログラムを簡潔にする（6章参照）
- **エラー処理**
  プログラムに万一実行エラーがあっても放置せずプログラムを強制終了する方法や、「値がない場合、データ型が合わない場合など、個々の場合に対処する方法が整備されている（7章参照）
- **最新技術**
  並列処理、画像分析、HTTPなど、最近では必要度が高い処理法を備えている（8章参照）

これらをGoプログラミングを通じて学んでおくと、C言語やPythonなど他の言語を使う場合においても、すぐ適応できるようになるはずです。

SECTION 02

Goプログラミングを実行できるようにする

早速Go言語の実行環境を手に入れましょう。Go言語のホームページに用意されている実行環境を紹介したあと、パソコンにGoコンパイラをインストールしてコードの編集や実行方法の確認などが行えるようにする方法を解説します。

◎ ホームページ上の実行環境

Go言語のホームページ（https://golang.org/）には、コンパイラをインストールせずにブラウザ上でGoプログラムを実行できる環境が用意されています。

トップページにある「Try Go」にある「Open in Playground」をクリックしてみてください（図1-2）。

図1-2 ホームページにあるプログラム実行環境

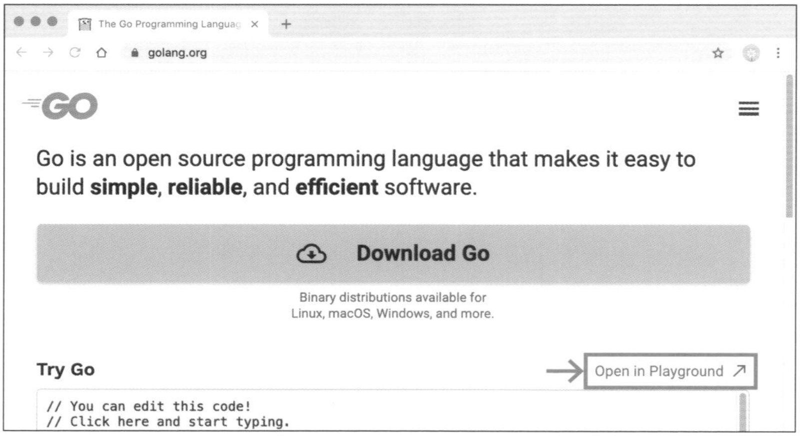

「The Go Playground」ページが開きます（図1-3）。Playground（プレイグラウンド）は遊び場という意味です。このページで自由にプログラムを編集できます。「Run」をクリックすると、画面下に実行結果が表示されます。

本書で学習するプログラムのほとんど（ローカルファイルを読み書きする一部のプログラムを除く）は、この環境で実行できます。後ほど紹介するコンパイラをうまくインストールできない場合は、この環境でプログラムの動作を確認してください。

図1-3 Playgroundでコードの編集・実行

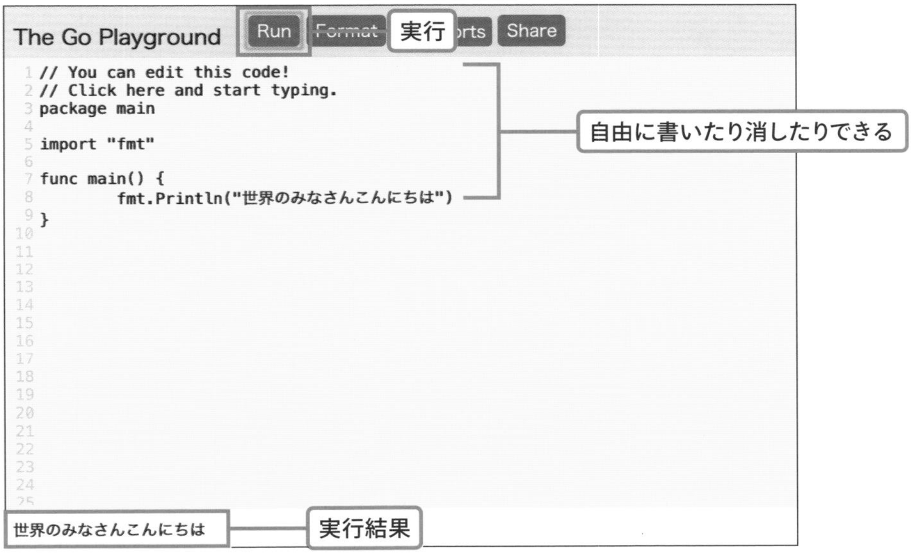

◎ Goコンパイラをインストールする

Goプログラムを実行するにはコンパイラというツールが必要です。Go言語のコンパイラはホームページからダウンロードします（図1-4）。トップページにある「Download Go」をクリックし、ダウンロードページを表示させてください。

図1-4 Go言語のダウンロードページ

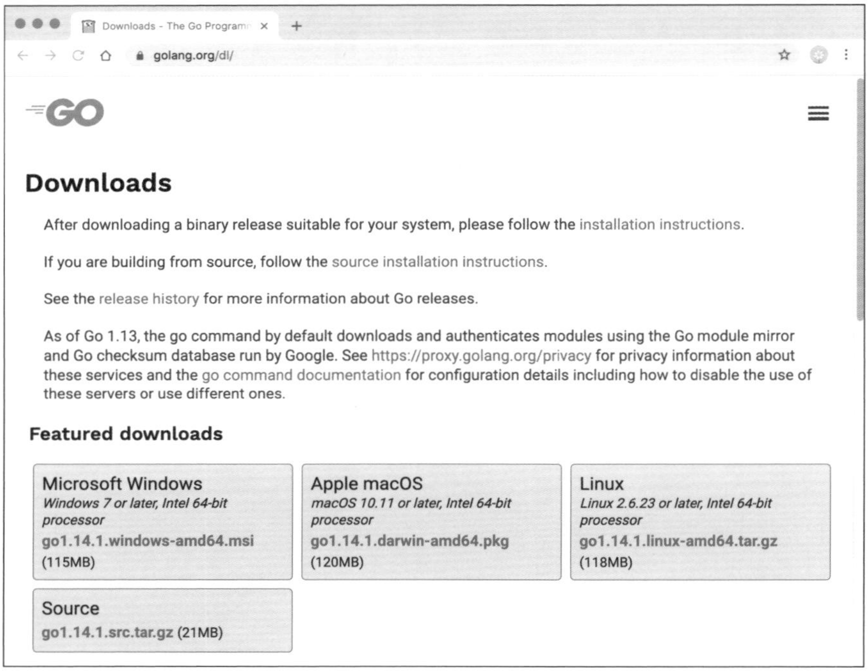

このページでは、Windows、macOS、Linux用コンパイラとソースファイルがダウンロードできます。本書では以降でWindowsにおけるインストール例を示します。ダウンロードページの「Microsoft Windows」にある「go1-x.xx.x.windows-amd64.msi」をクリックすると、インストーラがダウンロードできます（図1-5）。

図1-5 Windows用インストーラのアイコン

このファイルをダブルクリックすると、インストールウィザードが立ち上がりますので、「Next」をクリックします（図1-6）。ライセンス合意画面で「I accept terms in the License Agreement」にチェックが入っていることを確認し、「Next」をクリックします。

次のインストール先の指定画面も「Next」をクリックし、最終確認画面で「Install」をクリックするとインストールが開始します。なお「このアプリがデバイスに変更を加えることを許可しますか」という確認が出た場合は「はい」をクリックしてください。

インストール後の画面で「Finish」をクリックしてインストールが完了します。

図1-6 Windows用コンパイラのインストール

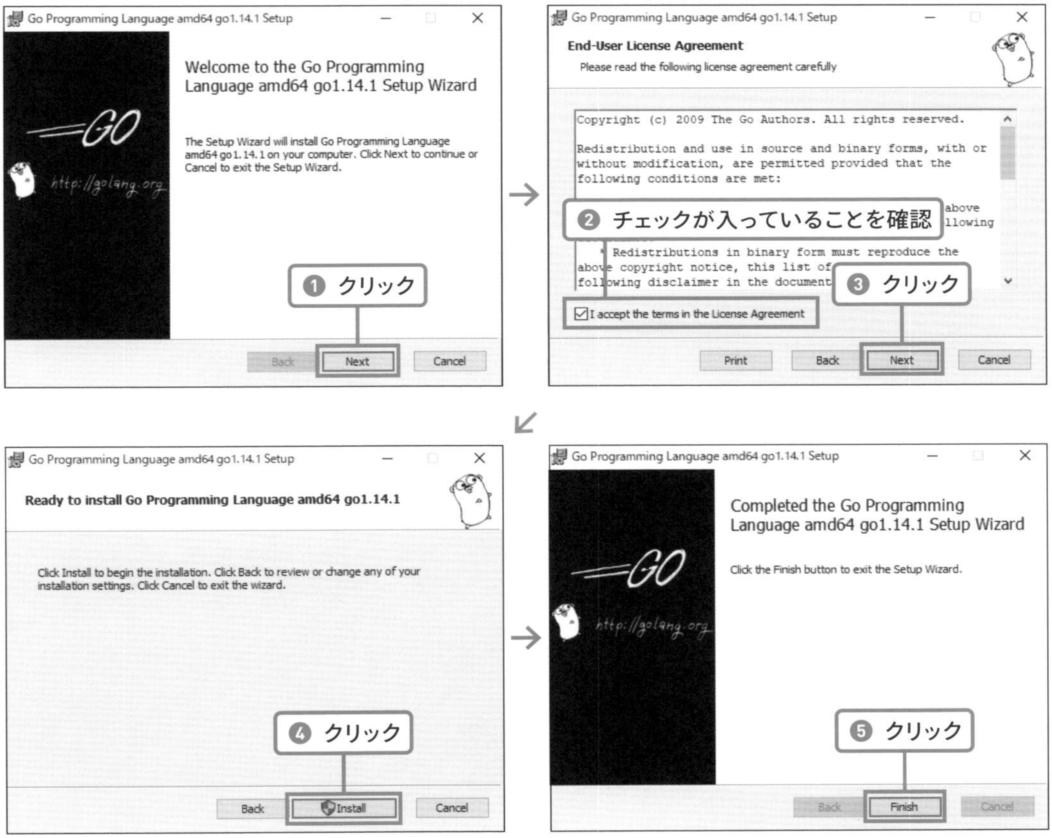

次にプログラムを保存するフォルダを作成します。適当な場所にgoフォルダを作成し、さらにその下にhelloフォルダを作成しておきます（図1-7）。ここに、今から書くhello.goというファイルを置きます。

図1-7 **helloフォルダ**

◎ Goプログラムを体験する

Go言語のプログラムを一番手っ取り早く体験するには、Windowsに元々入っているメモ帳を使ってGoプログラムを書いて保存し、PowerShellでコマンドを実行してコンパイル（以下**ビルド**）するのがよいでしょう。本書ではエディタとしてVisual Studio Codeを使用しますが（インストール方法は後述）、ここではメモ帳とコマンドプロンプトを使って手っ取り早くプログラムの実行手順を確認してみましょう。

なお、コンパイル自体の元々の意味は「編集」です。ただしこれでは実際の作業が連想しにくいため、最近では実行プログラムを作成する作業全体を「構築」という意味の「ビルド」と呼ぶことが多くなっています。

それでは、はじめてのGoプログラミングを行っていきましょう。「Windowsメニュー」ー「Windowsアクセサリ」にある「メモ帳」を開いて、リスト1-1のように書いてみます。何も考えずにそのままタイピングしてください。これにhello.goという名前をつけて先ほど作成したhelloフォルダに保存します。

リスト1-1 **はじめてのGoプログラム（hello.go）**

```
package main

import "fmt"

func main() {
    fmt.Println("Go言語でLet's go!")
}
```

「hello」フォルダの中身がアイコン表示されているウィンドウで、左上の「ファイル」メニューから「Windows PowerShellを開く」を選んで、以下のように入力します。

● **hello.goをビルド**

```
go build hello.go
```

再びコマンドが入力できる状態になったら、helloフォルダを確認してみてください。hello.exeというファイルが作成されているはずです（図1-8）。

図1-8 hello.exeが作成されている

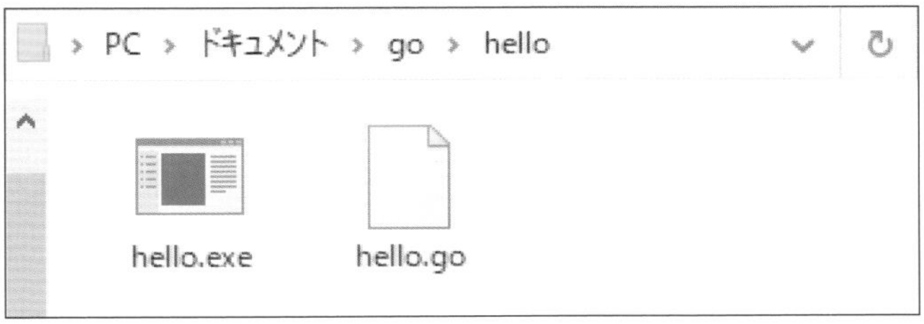

このhello.exeを実行するには、上のコマンドに続いて、以下のように入力します。

- **ビルドされたhello.exeを実行**

```
./hello
```

すると、その応答として「Go言語でLet's Go!」と表示されます（図1-9）。

図1-9 実行したあとのWindows PowerShell画面

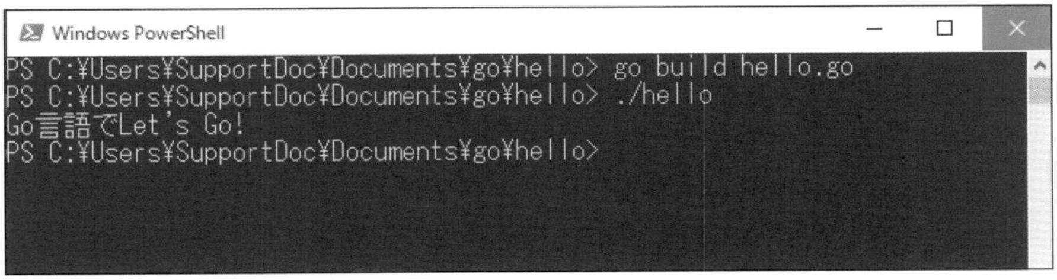

◎ Visual Studio Codeをインストールする

先ほど解説したように、Windowsに入っているメモ帳でもGoプログラミングは可能です。しかしメモ帳にはGo言語の構造をわかりやすくするための強調表示や、プログラミングを楽にしてくれるコード補完の機能はありません。本書では、これらの機能を備えたMicrosoftのVisual Studio Code（以下VSCode）をGo言語用の拡張機能とともにインストールして利用していきます。

VSCodeをインストールするには、VSCodeのホームページ（https://code.visualstudio.com/）にアクセスします。

トップページにある「Download for Windows」をクリックするとダウンロードが開始します（WindowsのデフォルトではDownloadsフォルダに保存されます）。ダウンロードしたインストーラーを実行すると、セットアップウィザードが表示されます。使用許諾契約書に同意し、インストール先を確認して次に進みます（図1-10）。

図1-10 「使用許諾契約書の同意」「インストール先の指定」

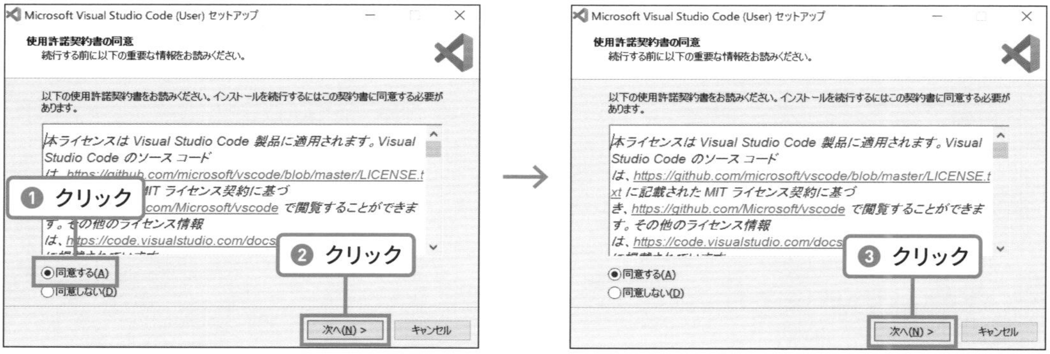

ショートカットキーの名前やアイコンやメニューについての設定は、特に変更する必要はありませんので、次に進んでください（図1-11）。

図1-11 プログラムグループの指定と追加タスクの選択

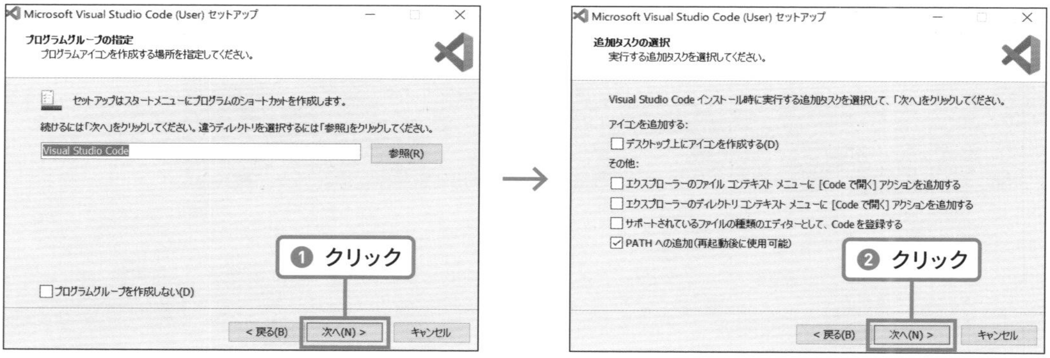

「インストール」をクリックするとインストールが開始します。次の画面で「完了」をクリックするとインストールが完了します（図1-12）。

図1-12 インストールの開始と完了

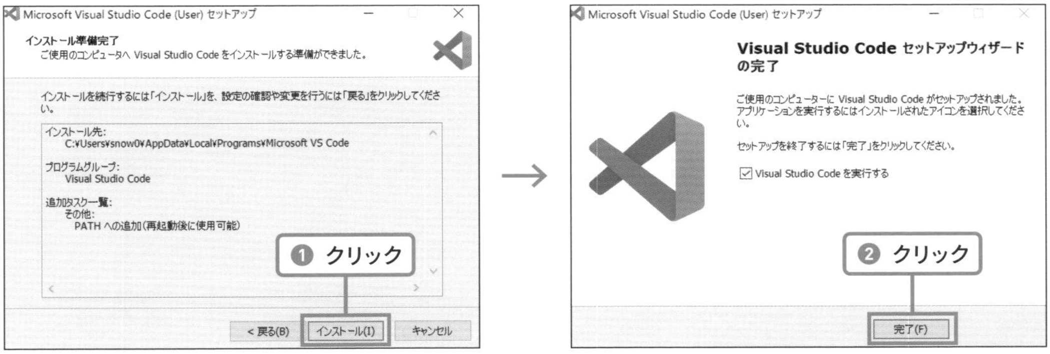

次にGo言語用の拡張機能をインストールしましょう。VSCodeを起動してExtensionsを選択し、検索ボックスに「go」と入力します。一番上に表示される「Go 0.xx.x」を選択して右側にある「Install」をクリックします（図1-13）。

図1-13 VS CodeにGo言語の拡張機能をインストール

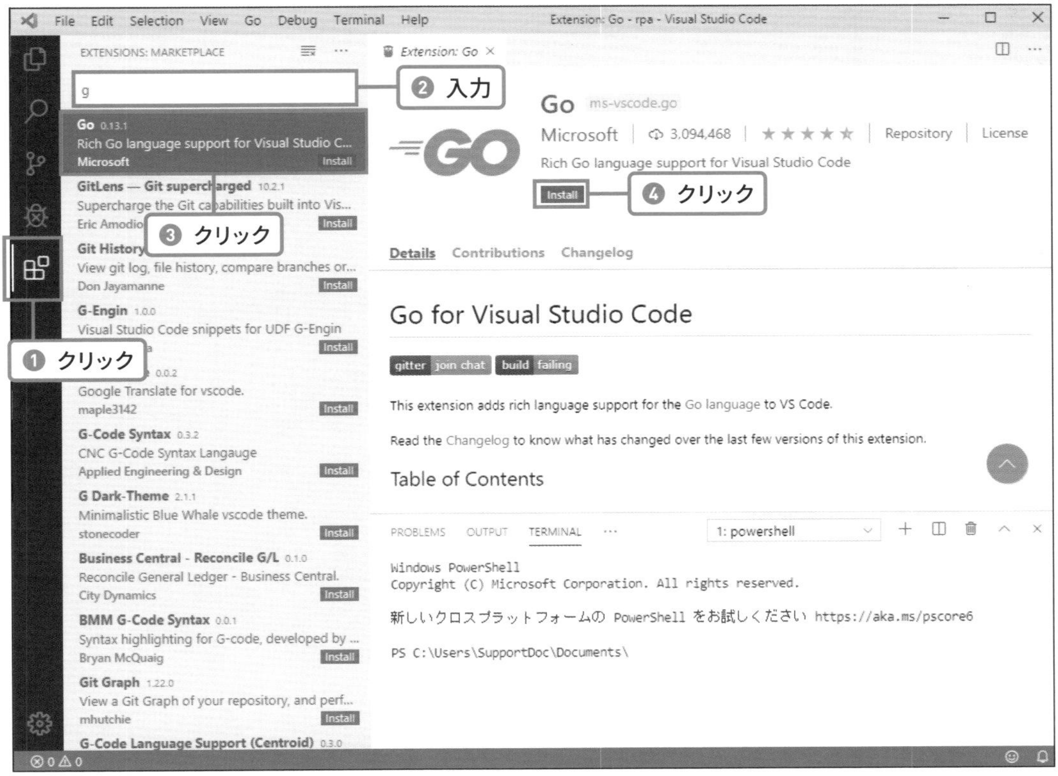

VSCodeのExplorerにある「Open Folder」をクリックし、先ほど作成した「go」フォルダを選択します（図1-14）。Explorerに「go」とその下に「hello」と表示され、その下に先ほど作成したhello.goとhello.exeが表示されます。これでGo言語のプログラム用フォルダとして作成したgoフォルダ内のファイルの編集が可能になります。

図1-14 VSCodeでhello.goを編集

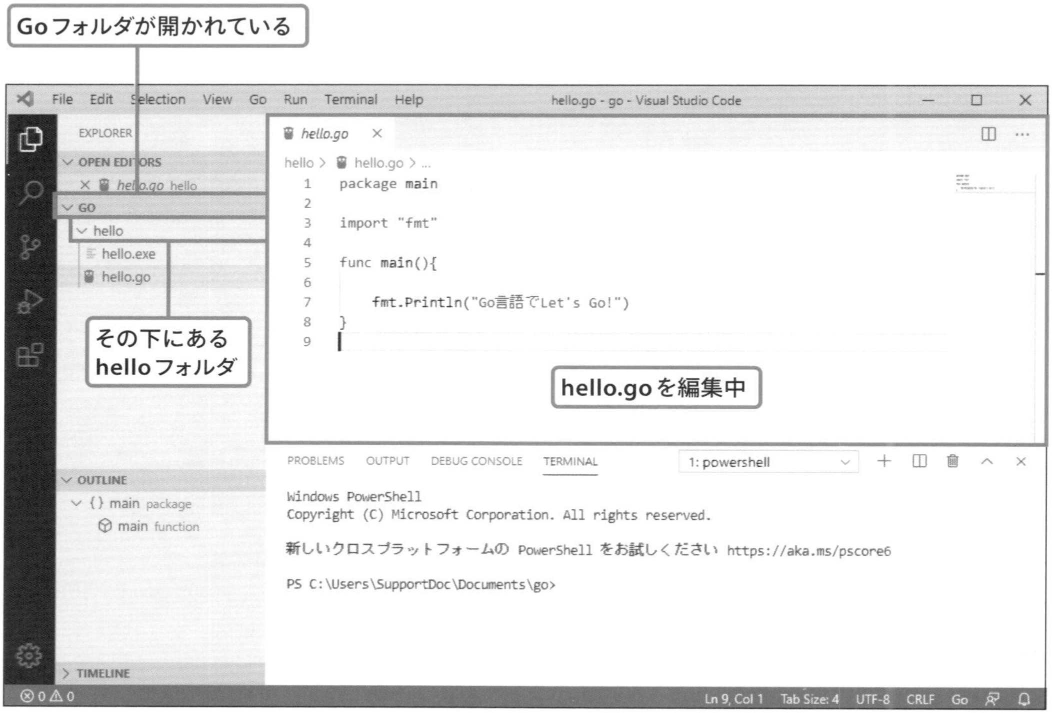

また、画面の下部にターミナルウィンドウを表示させることができ、Windowsの場合はWindows PowerShellが使用できます。表示されていない場合は、「View」－「Terminal」を選択してください。先ほどGoプログラムをコンパイルしたhello.exeを選択して右クリックし「Open in Terminal」をクリックして実行してみましょう（図1-15）。

図1-15 VSCodeでhelloフォルダからターミナルを開く

先ほどのメモ帳とコマンドプロンプトを使った方法よりもVSCodeを使った方が便利だということが明確になったはずです。本書でも以降はVSCodeを使用する前提で話を進めていきます。

SECTION 03

プログラムの中身を見てみる

hello.goでGoプログラムが実行できることを確認できました。ここでは、プログラムの中身について理解していきましょう。プログラミングの習得にはコードをたくさん書く必要がありますが、何を書けばよいのか理解できなければなかなかその先には進めません。

◎ mainの意味

パッケージとmain

リスト1-1（hello.go）の1行目を見てください。

● **パッケージ名**

```
package main
```

プログラミング言語を用いて書いた内容をソースコード（ソースは源の意味です）と呼び、ソースコードをファイルとして保存したものを**ソースファイル**と呼びます。

本書はGo言語の基本を学ぶ書籍ですので、1つのプログラムで完結するものにしています。しかし、複雑なプログラムになると、実行内容を書いたファイルと、それを補助するファイルといったように複数のファイルに分ける必要があります。これらを区別してわかりやすくするために、補助ファイルをフォルダに分けます。これを**パッケージ**と呼び、一般的にパッケージ名はフォルダ名になります（図1-17中のフォルダ）。

図 1-17 パッケージに分けて複数のファイルを管理する

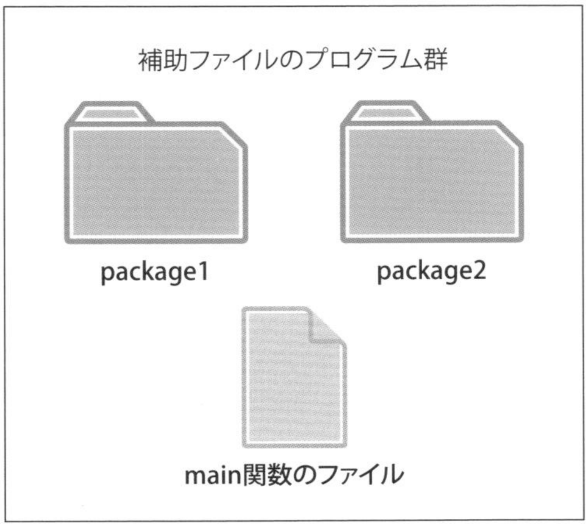

パッケージとして管理する場合は、実行内容が書かれたファイルをすべてのパッケージフォルダの外に1つ配置します。そしてこのファイルのパッケージ名は「**main**」にするのが決まりになっています（図1-17中のファイル）。

関数とmain

リスト1-1の5行目にもう1つ「main」という記述が出てきます。

● **もう1つmainが使われている**

```
func main()
```

最初の**funcは関数を示す**語です。関数については4章で学びますが、Goプログラムには関数が必ず1つ必要です。そして実行の中心となる関数には「main」という名前をつける決まりになっています。

4章でmain関数を補助するための関数の作成方法について学んでいきますので、ここでは、「ファイルが1つしかない場合はパッケージ名をmainにする。またその中に1つしか関数がない場合は、関数名をmainにする」と覚えておきましょう。

◎ importの意味

リスト1-1の3行目には以下の記述があります。

● **importで始まる文**

```
import "fmt"
```


import（インポート）はプログラミングでは、既製の他のプログラム（ライブラリ）を読み込むことを示します。Go言語では、ライブラリはパッケージ単位で扱われます。**fmtパッケージ**は、Go言語をインストールした際にコンピューターに保存される多くのパッケージのうちの1つです。これから出てくる他のプログラムでもGo言語のパッケージをインポートしていきますので、覚えておきましょう。

fmtは「format(書式)」を思わせる名前からもわかるように、ターミナルに内容を表示するための関数を定義しています。その中にはPrintlnという関数があり、この関数は「()の中にある内容を出力したら改行する」という処理を行います。それがリスト1-1の6行目です。リスト1-1はこの行を実行するためのもので、他の行ではそのための準備を行っているのです。

● **fmtパッケージにあるPrintln関数を用いて()内の内容を出力する**

```
fmt.Println("Go言語でLet's go!")
```

SECTION 04 プログラム実行に最低限必要なこと

最初のプログラムの意味がわかったところで、自分で似たようなプログラムを書いてみましょう。その中で、プログラムに必要な知識をもう少し学んでいきます。

◎ 別のソースファイルを書いてビルド・実行

次にプログラムのビルドと実行方法を確認してみましょう。goフォルダの下にintsフォルダを作成し、リスト1-2のようなプログラムを書いてints.goという名前をつけて保存します（図1-18）。なお、このプログラムは次の2章でも使用します。

リスト 1-2 ints.go

```
package main

import "fmt"

func main() {
    var a int
    a = 5
    fmt.Println(3 * a)
}
```

図 1-18 ints.goを保存するintsフォルダ

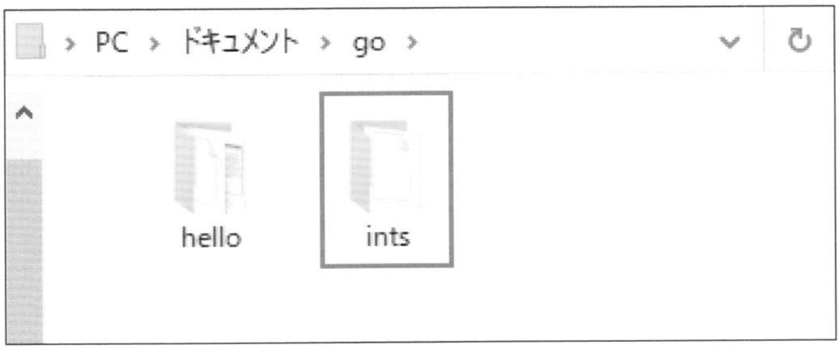

VSCodeで実行するには、ints.goを選択して右クリックをして「Open in Terminal」を選択してターミナルを開きます（図1-19）。ターミナルで以下のように入力すると、実行結果として「15」と出力されます。

● ints.goをビルド・実行

```
go build ints.go
./ints
```

図1-19 ターミナルを開いてビルド・実行

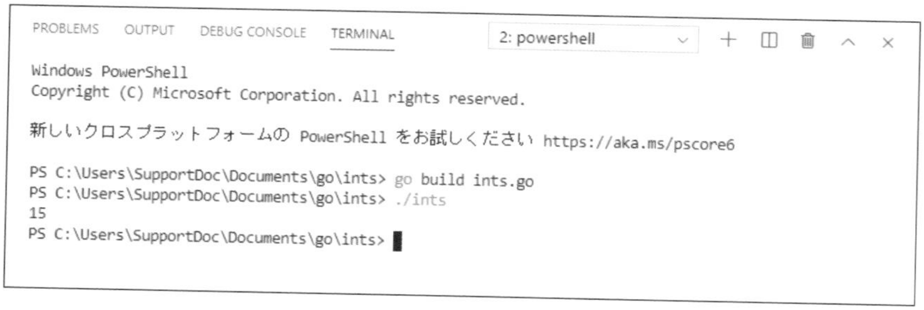

なお、ターミナルをたくさん開くとその分メモリを消費しますので、ゴミ箱に入れる操作を行って、適宜ターミナルを閉じるようにしてください（図1-20）。

図1-20 ターミナルが増えすぎたら適当に破棄

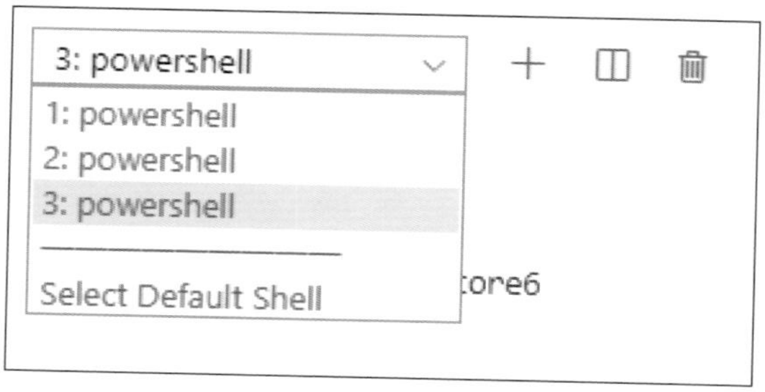

◎ 変数の使用

変数を宣言

リスト1-2では変数を用いています。リスト1-2の6行目を見てください。ここで変数aを宣言しています。

● 変数aを宣言

```
var a int
```

宣言とは、「プログラムでこれからこういうモノを使っていきます」と前置きすることです。リスト1-2でも3行目は「パッケージがmainです」、5行目は「fmtを使います」という宣言を行っているのです。そして6行目では、以下にような内容についての宣言を行っています。

- 予約語varにより、変数であることを示す
- 変数名はaである
- データ型はintである（データ型については2章参照）

変数に値を「代入」

リスト1-2の6行目で宣言を行った変数aに、7行目では値「5」を代入しています。

● 変数aに5を代入

```
a=5
```

プログラミング用語は数学用語に影響を受けたため、「代入」という言葉を使っていますが、何かの入れ物に入れるということではありません。プログラミングにおける代入とは、**値を割り当てること**であると考えてください。そこで、「以降のプログラム中では変数aには5という値が割り当てられた」という意味になります。

変数の値を処理

次の8行目のカッコの中は、変数aの値（5）に3を乗じる処理になります。

● **変数aの値に3を乗じる**

```
3 * a
```

プログラムがわからなくても「5×3」で結果が「15」になるのはなんとなく理解できるはずです。ただし、プログラミングとしてはそれだけでは不十分です。どのように考えるべきかは「式とその値」で後述しています。

変数名のつけ方

変数名のつけ方は、プログラミング言語によって規則や慣例がありますが、以下のようにつけておけば、おおよその言語に対応できると考えてよいでしょう。

- **小文字の英文字と数字を使う**
- **小文字の英字ではじめる**
- **文字数は1〜10文字以内。簡単な値に複雑な変数名をつけたり、逆に重厚なデータを1文字の変数名にするなどは避ける**

式とその値

式の構造

先ほどの「変数aの値に3を乗じる」個所は、プログラムを構成する1つの要素として一般的には式と呼ばれます。

式というと、通常は数値に関する処理をイメージするでしょう。2つの数値の間に**演算子**と呼ばれる記号を置き、その記号の種類でもって2つの値にどういう処理を行うか指定するのです。それが加算であれば「+」、減算であれば「-」などです。先ほどの個所（「変数aの値に3を乗じる」）では、「*」が演算子で、その左側に「3」という数値、右側に変数aで表された「5」が置かれています。

式の値

ほとんどの式は、結果として値を生じます。そこで、**式**は処理を記述するとともに、その式全体で、式の値を表します。先ほどの個所では、「3と、変数aで表された数値5とを乗じる」という計算行為を示すと同時に、その結果得られる値「15」も示します。そこで、「この式の値は15である」という言い方ができます。また、以下の個所では、出力させる内容が「式3*aの値」ということで「15」を表しています。

● **式3＊aの値を出力する**

```
fmt.Println(3 * a)
```

例外は「代入式」

先ほど「ほとんどの式は」と述べましたが、顕著な例外が1つあります。それは**代入**です。「=」は「代入演算子」で、左側に置いた変数で、右側に置いた値を表すという処理をします。この式はつねに処理の記述であり、値にはなりません。ただし、プログラミングの中で、代入を演算子としてとらえ、代入を式として扱わなければならないことは稀です。

文

プログラミングにおける「文」とは

文とは、処理工程の1単位を意味します。ただし、複数の文が組み合わさることで1つの文を構成することもあります。プログラミングを行う上で覚えておくべきことは、その文が完結したときに、文に書かれている処理はすべて完了したものとして、次の処理に進めるということです。

たとえば、「package main」という文が完結したら、次の文では「このプログラムのパッケージはmain」という前提が成立しています。また「import fmt」という文が完結したら、「このプログラムではパッケージfmtの内容を使える」という前提で以後の処理を書くことができます。

「a=5」という代入は、「var a int（aは変数でデータ型はint）」という前提があるからこそ、整数(int)である値「5」を変数aに代入する操作が可能になるのです。

文は通常は上から下に読まれますので、その流れを追って前提を確認しながら、プログラムの動きを確認していくようにしましょう。ただし、複雑なプログラムになった場合などはプログラムの読み書きのしやすさを考慮して、単純に上から下ではなく順序が逆になる場合もあります。

文の区切り

Go言語では、原則的に文の区切りに**改行記号**を使用します。ただし、1行あたりの文が長くなった場合は、明らかに後に続くとわかる個所で改行してください。たとえば、開き括弧「(」や、カンマ「,」などは、そのあとに何か書かれることがわかりますので、そこで改行することができます。

その他の重要なこと

予約語

プログラミングには、あらかじめ決められた役目を持った単語が設定されています。それらを**予約語**と呼びます。これまでのプログラムに出てきた「package」「import」「var」などは予約語であり、変数名などで使うことはできません。

予約語をすべて覚えておく必要はありませんが、ある程度プログラミングを経験すれば、重要な予約語は自然と覚えていくはずです。また、VSCodeなどの高機能エディタには、予約語を強調表示する機能がありますので、それらを活用するとよいでしょう。

空白・空行

Go言語では、空白や空行はプログラムの動作に基本的には影響しません。よって自分の好きなように入れることもできますが、書き方のルールはおおよそ決まっています。それに沿って**空白**や**空行**をいれるようにしてください。

そのルールにしたがっておけば、他の人がプログラムを見たときにその構造が一目でわかるようになりますし、何かの拍子でエラーになることもなくなるでしょう。最初のうちは本書に出てくるサンプルにしたがって空白や改行を入れていき、それらの入れ方を学んでいくとよいでしょう。

以上、Goプログラミングの基本が整いました。次章からは、目的に応じたGoプログラミングの規則をサンプルプログラムをどんどん書きながら学んでいきましょう。

CHAPTER

2

よく使うデータ型

1章では、まずプログラミングとは何かということを把握できるようにし、そのあとGoプログラミングの実行環境を用意して、簡単なプログラムを実行してみるところまで解説しました。ここからプログラミングに最低限必要な文法について学んでいきましょう。本章ではGo言語でよく使うデータ型について解説していきます。

SECTION 01

数値でよく使うデータ型

いよいよ、本章からGoプログラムの書き方を学んでいきます。最初は数値でよく使うデータ型です。数値にはいろいろな種類がありますが、ここでは整数と小数を書き表すのに最低限必要なデータ型を学びます。

◎ データ型とは

データ型とは、もともとはコンピューターでデータを少しずつ処理させる際に必要となる**データの大きさ**の情報のことです。あるデータを保持しておくために必要なメモリ領域の大きさと考えるとわかりやすいでしょう。

現在ではコンピューターのメモリはギガバイト単位が当たり前ですが、筆者の記憶を遡ると約30年前は約100キロバイトほどしかありませんでした。コンピューターの処理能力や記憶領域が格段に向上した今では、限りあるリソースを有効に活用するためにデータの大きさをいちいちコンピューターに申告する必要もなくなったように思えます。

しかし、データ型をハッキリさせていると、コンピューターにとって以下のようなメリットがあるため、現在でもOSレベルではデータ型を細かく区別しているのです。

- **無駄な処理を行わないで済む**
- **そのデータ型にのみ使える関数を正しく把握できる**
- **不正アクセスを防ぐことができる**

一方、プログラミング言語の中には、プログラマがいちいちデータ型を書く必要がない言語も少なくありません。たとえば、「a=5」と書けば「5は整数」とわかるので、データ型を明らかにしなくてもコンパイラや実行環境からOSへ「これは整数だ」と教えてやれるという考えです。

それではGo言語はどうなっているのでしょうか。Go言語は先ほど紹介したものの中間に位置するものといえます。たとえば、1章の例では整数を表すデータ型intを示してから5を代入していました。

● **変数aを宣言する**

```
var a int
a=5
```

しかし、Go言語ではこれをもっと簡単に書くことができるのです。

◎ データ型を自動判別する代入記法

Go言語では、「変数を定義して値を代入する」という2つの手続きを「:=」という記号でまとめることができます。なお、この記号は2字で1つの意味を持つため、「:」と「=」の間に空白を置いてはいけません。

● **「変数aを宣言する」の省略形**

```
a := 5
```

この例では、先ほどの例（変数aを宣言する）の1行目（var a int）が省略されています。これは以下のことを示しています。

- **「:=」と書いてあるから、変数を定義して値を代入している**
- **「5」と書いてあるから整数、つまりint型を意味する**

この書き方を試してみましょう。1章のリスト1-2（ints.go）に追記して、リスト2-1のように変更します。

リスト2-1 ints.go：リスト1-2に宣言の省略形を追記

```
package main

import "fmt"

func main() {
	var a int
	a = 5
	b := 7                    この行を追加
	fmt.Println(3 * a)
	fmt.Println(b - a)        この行を追加
}
```

● **実行結果**

```
15
2
```

1章で解説した方法でints.goの再ビルドを実行すると、ints.exeが上書きする形で保存されます。またリスト2-1の10行目「b-a」はbは値「7」、aは値「5」を表しますので、b-aの値は「7-5」の値と同じになります。

◎ 自分自身の値に処理を加える

変数は「変」数という名前からもわかるように、一度値を代入したあとでも別の値を再代入することができます。このとき前の値は上書きされて消されます。

● **すでに値が代入されている変数に別の値を代入する**

```
a := 5
a = 7
```

しかし、変数の元の値を処理して、その変数に代入し直すことができます。図2-1のように書くことで、代入演算子の右側では、まず元の値が使われたうえで処理が行われます。そして、代入演算子の左側の変数にはその新しい値が代入されます。

図2-1 **自分自身の値を処理して新しく代入する**

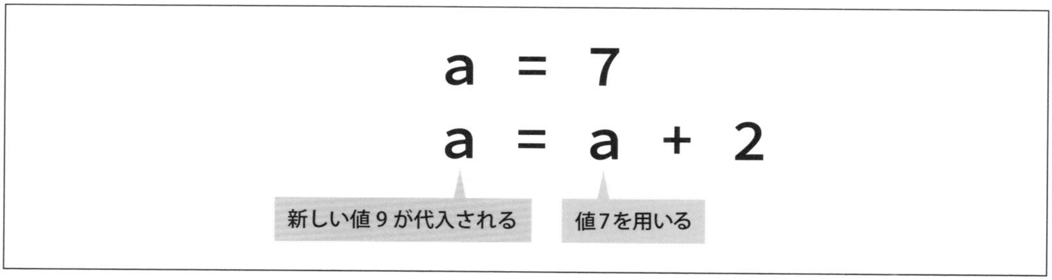

図2-1の「a = a + 2」は以下のように省略して書くことも可能です。

● **「自分自身の値を処理して新しく代入する」の省略形**

```
a += 2
```

この省略形は、減算（-=)、乗算(*=)、除算(/=)でも使用可能です。リスト2-1（ints.go）のmain関数に、赤文字の行を追記してみましょう。

● **ints.go：変数自身の値を処理して再代入する処理を追記**

```
省略
    fmt.Println(3 * a)
    fmt.Println(b - a)

    a = 100
    b += a
    fmt.Println(a)
    fmt.Println(b)
}
```

この行を追加

再度ビルド・実行すると、以下の結果が出力されます。

● **実行結果**

```
15
2
100
107
```

◎ 整数「int」と小数「float64」

Go言語には、数値を表すデータ型がたくさんあります。たとえば、整数型の中でも「int8」と書いた場合は「8ビットで表す整数」として、-127から127までの値を表すことが可能です。本章ではたくさんある数値の型の中でも基本的なものとして、表2-1にある2種類を紹介します。

表2-1 主な2つの数値型

数値型	説明
int	そのコンピューターで表せるだけの範囲の整数値を表す
float64	64ビットの小数値を表す

float64型の宣言を省略するには、以下のように小数点以下に1桁でも数字をつけます。これによって32ビットのコンピューターではfloat32型、64ビットのコンピューターではfloat64型と認識されます。

● **float64型の宣言を省略した書き方**

```
a := 5.0
```

数値の型を確認するためのプログラムを書いてみましょう。goフォルダの下にfloatsフォルダを作成し、リスト2-2のようなプログラムを書いてfloats.goという名前をつけて保存します。

リスト2-2 floats.go：数値の型を確認する

```
package main

import "fmt"

func main() {
    a := 5.0
    fmt.Println(3 * a)
    fmt.Println(3.0 * a)
    fmt.Println(3.3 * a)
}
```

● **実行結果**

```
15
15
16.5
```

実行結果を見てみると、乗ずる数を「3」と整数で書き表しても、「3.0」と小数で書き表しても、結果は「15.0」ではなく「15」と表示されています。一方、「3.3」を乗じた場合は、結果の小数第一位が0でなく5という数値があるので、16.5と表示されていることがわかります。

次に、整数と小数がプログラム中に混在したらどうなるでしょうか。goフォルダの下にnumsフォルダを作成し、その中にリスト2-3のようなプログラムを書いて、nums.goという名前をつけて保存してください。そしてビルドして実行すると、エラーになります。

リスト2-3 nums.go：エラーになる例

```
001: package main
002:
003: import "fmt"
004:
005: func main() {
006:
007:     a := 5                  ❶ これが問題の部分
008:     b := 7.2
009:     fmt.Println(3 * b)      ❷ ここは問題ない
010:     fmt.Println(b - a)      ❸ ここにエラーがある
011: }
```


VSCodeを使っている場合は、図2-2のようにリスト2-3の10行目に赤い波線が表示されています。VSCodeでは、構文エラーやタイピングミスなどの間違いがある場合などに赤い波線が表示されます。

図2-2 リスト2-3でエラーの波線が引かれる

```
a := 5
b := 7.2
fmt.Println(3 * b)
fmt.Println(b - a)
```

リスト2-3の問題は、変数aにはint型、bにはfloat32またはfloat64型が渡されていることです。リスト2-3の10行目では、データ型の異なる値同士で減算を行っています。Go言語をはじめ多くのプログラミング言語では、データ型が異なる数値同士の計算を禁じています。

ただし、Go言語では、リスト2-3の9行目のようにint型である3をfloat型の変数bの値7.2に乗じてもエラーになりません。そこで、エラーを避けるためにリスト2-3の7行目を以下のように書き換えて変数aも小数にしてから実行すると、結果が変わることがわかります。

● **小数同士の演算にするためにリスト2-3を書き換える**

```
省略
    a := 5.1      書き換える
省略
```

● **実行結果**

```
21.6
2.1000000000000005
```

b-aの値は「2.1000000000000005」になっています。「2.1」で十分、せめて「2.1000000000000000」として欲しいところですが、末端の数値に何らかの誤差が残ります。これはGo言語に限らず、プログラミングでは常にあることです。

それでは、常にこの末端に誤差がある何桁もの小数点をひきずって処理をしていかなければならないのでしょうか。これを解決する手近な方法は「適当な桁数だけを表示する」ことです。ただしこの方法は「数値」そのものの操作ではなく、表示する際の「文字列」の操作となりますので、次のセクションで説明していきます。

SECTION
02 文字列型

コンピューターは人間のためのものですから、プログラムの出力には言葉による表現が欠かせません。コンピューターで扱う「言葉」は文字が並んだもので、これを「文字列」と呼びます。すでに補助的に使ってきましたが、ここではさらに詳しくしくみや処理法を見ていきましょう。

◎ 文字列の基本

Go言語における文字列の正式なデータ型名は、string型です。string型の値（文字列値）を作成するには、二重引用符「"」で文字の並びを囲みます。これまでPrintln関数やPrintf関数によって出力していたものは**文字列値**だったのです。

● **Printlnに使っているのは「文字列値」**

```
normalStr := "Go言語でLet's go!"
fmt.Println(normalStr)
```

1文字でも二重引用符で囲めば文字列となります。また空の文字列とする場合は、「""」というように「"」を続けて書きます。

● **空の文字列**

```
emptyStr := ""
```

◎ 文字列の結合

文字列を結合するには、数値の加法演算子「+」と同じ記号を使用します。図2-3では、変数emptyStrに自身に対して文字列の結合を行っています。直前まで渡されていた値に、新しい値を結合した内容を再び代入しています。

図 2-3 文字列の結合でも、自分の古い値を処理して代入し直せる

また文字列でも自分自身に新しい値を追加する場合は、数値型と同様に以下のように省略して書くことが可能です。

● 文字列の結合を省略形で書いた場合

```
emptyStr += "昔は空でした"
```

goフォルダの下にstrsフォルダを作成し、その中にリスト2-4のようなプログラムを書いて、strs.goという名前をつけて保存してください。

リスト 2-4 **strs.go：文字列の結合**

```
package main

import "fmt"

func main() {

    normalStr := "Go言語でLet's go!"
    emptyStr := ""
    emptyStr += "昔は空でした"

    fmt.Println(normalStr)
    fmt.Println(emptyStr)
}
```

● 実行結果

```
Go言語でLet's go!
昔は空でした
```

◎ 数値を文字列に埋め込む

Println関数はfmtパッケージの関数です。fmtパッケージには、Println関数の他にもターミナルに表示する際に使用する関数がたくさん用意されています。その中の、**Printf関数**には2つの機能があります。

① 文字列の中に埋め込める
② 表示形式を指定できる

Go言語のプログラミングではPrintf関数がひんぱんに出てきますので、使っていきながら理解していくようにしましょう。ここでは前のセクションで中途半端にしていた「小数の表示を第2位までにする」という問題をPrintf関数を使って解決していきます。ただし、「四捨五入」は少し高度なワザになりますので、今回は「第2位よりも下は切り捨てる」ようにします。たとえば、変数cに小数値が代入されていて、小数第2位まで表示する場合は図2-4のように書きます。

図2-4 変数cの値が小数のとき、小数第2位まで表示する

表示形式の指定を詳細に見てみると、図2-5の通りです。

図2-5 表示形式の指定の詳細

前述したPrintf関数の2つのうちの1つ、「文字列の中に埋め込める」は、引用符の中に他の文字を置くことができることを意味します。つまりcの値をただ表示させるだけでなく、「cの値は」などの説明をつけて表示できるのです。

● **表示内容に値を「埋め込んだ」**

```
fmt.Printf("cの値は%.2fです", c)
```

それではgoフォルダの下にdigitsフォルダを作成し、Printf関数を用いてdigits.go（リスト2-5）を作成し、ビルド・実行してみましょう。

リスト2-5 digits.go：Printf関数で小数の表示形式を指定

```
package main

import "fmt"

func main() {
    a := 5.2
    b := 7.4
    fmt.Printf("a+b=%.2f", a+b)
    fmt.Printf("a-b=%.2f", a-b)
    fmt.Printf("a*b=%.2f", a*b)
    fmt.Printf("a/b=%.4f", a/b)
}
```

加算
減算
乗算
除算、ここだけ小数第4位

● **実行結果**

```
a+b=12.60a-b=-2.20a*b=38.48a/b=0.7027
```

除算の結果を「0.70」と表示させるのは雑すぎるので、小数第4位まで表示させています。このファイルをビルドして実行すると、小数がゾロゾロと表示されなくなりましたが、結果がくっついて見づらくなっています。なぜでしょうか。

実は、Printf関数は出力のあとに自動的に改行してくれないのです。そのため、出力結果の文字列に、改行の指示を含める必要が出てきます。改行の指示を行うには記号「¥n」を文字列に含めます。最初の文字「¥」(円マークまたはバックスラッシュ）を**エスケープ記号**と呼びます。

◎ エスケープ記号を用いた改行

Go言語をはじめとして、C言語を起源に持つ多くのプログラミング言語では「¥(エスケープ記号)」に英字を1つ加えた表記を使うと、文字列に特別な出力をさせることが可能です。

これらの機能は非常に多くの種類があり、たとえば**「¥n」は改行**、**「¥t」はタブ**、**「¥s」はスペース**を意味します。使いこなせるようになるとプログラミングがとてもはかどりますが、ここでは改行を意味する「¥n」を覚えておけばよいでしょう。

リスト2-5のPrintf関数の中身の文字列を、リスト2-6のように改行記号「¥n」を加えて書き換えてみましょう。

リスト2-6 digits.go：Printf関数の中身を書き換える

```
package main

import "fmt"

func main() {
    a := 5.2
    b := 7.4
    fmt.Printf("a+b=%.2f¥n", a+b)
    fmt.Printf("a-b=%.2f¥n", a-b)
    fmt.Printf("a*b=%.2f¥n ", a*b)
    fmt.Printf("a/b=%.4f¥n ", a/b)
}
```

この行を書き換える

```
fmt.Printf("a+b=%.2f¥n", a+b)
```

改行を指定

● **実行結果**

```
a+b=12.60
a-b=-2.20
a*b=38.48
a/b=0.7027
```

ビルドして再実行すると、出力されるたびに改行が入ってとても見やすくなりました。エスケープ記号には、もう1つの重要な機能があります。それは文字列の中で特別な記号の特殊性を打ち消して、ただの文字列にするという使い方です（表2-2）。

表2-2 主なエスケープ記号

記号	説明
¥¥	エスケープ記号ではなく文字列として「¥」を出力する
¥"	文字列の始まりと終わりを示す記号ではなく、文字列として「"」を出力する

SECTION
03 データの集合体

私たちがプログラムを組んでまで計算させたい大きな目的は、複数のデータに対して同じような処理をさせたいからではないでしょうか。ここでは、データの集合体を表すデータ型の基本「配列」を学んでいきます。

◎ 整数を要素とする配列

複数のデータの集合体を**配列**（**Array**）と呼びます。また配列を構成する1つ1つのデータを**要素**と呼びます。要素は決まった順番で保持され、その順番を示す数**インデックス**で区別されます。

Go言語では、1つの配列で保持することのできる要素のデータ型は同一でなければなりません。1つの配列を最初に作成する場合は、図2-6のようになります。なお、要素データ型は整数とします。

図2-6 整数を要素とする配列

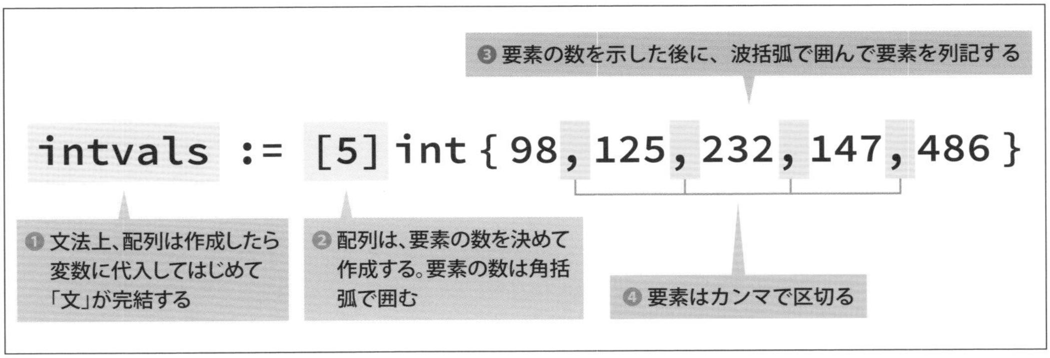

そこで、goフォルダの下にintarrayフォルダを作成し、その中にリスト2-7のようなプログラムを書いて、intarray.goという名前をつけて保存してください。

リスト2-7 intarray.go：最初の内容

```
001: package main
002:
003: import "fmt"
004:
005: func main() {
006:     intvals := [5]int{98, 125, 232, 147, 486}
007:     fmt.Printf("1番目の要素は%d¥n", intvals[1])
008:
009: }
```

要素の取り出しは角括弧で

あとから書き加える

リスト2-7では、5つの整数型の要素を持つ配列intvalsを作成し、その1番目の要素をintvals[1]という書き方で取り出しています。Printf関数の中身にも注目してください。配列の要素が整数となっていますので、整数を文字列の中に埋め込むことを「%d」で表しています。

● **intarray.goの最初の内容（7行目）**

%dは整数を表す

```
fmt.Printf("1番目の要素は%d¥n", intvals[1])
```

ファイルをビルドして実行すると、以下のように出力されます。

● **実行結果**

```
1番目の要素は125
```

実行結果を見てみると、「1番目」の要素は、最初に書いてある98ではなく、その次の125になっています。これはGo言語も含め、ほとんどのプログラミング言語では、**配列の要素は「0番目」から始まる**ためです。よって0番目は「98」を示します。また最後の要素は「4番目」になりますので「5番目」を取り出そうとするとエラーになります。

リスト2-7に赤文字の行を追記してリスト2-8のようにします。

リスト2-8 intarray.go：スライスと元の配列でそれぞれ何番目の要素か確かめる

```
package main

import "fmt"

func main() {
    intvals := [5]int{98, 125, 232, 147, 486}
```

```
    fmt.Printf("1番目の要素は%d¥n", intvals[1])
    fmt.Printf("0番目の要素は%d¥n", intvals[0])
    fmt.Printf("4番目の要素は%d¥n", intvals[4])
    fmt.Printf("2番目と3番目の要素を足すと%d¥n", intvals[2]+intvals[3])
}
```

この行を追加

再度ビルドしてから実行すると、以下のように出力されます。

● **実行結果**

```
1番目の要素は125
0番目の要素は98
4番目の要素は486
2番目と3番目の要素を足すと379
```

追加された出力結果

また配列の要素の値は変更可能です。intarray.goにさらに2行追記してリスト2-9のようにしてみましょう。

リスト2-9 intarray.go：配列の要素の値を変更する

```
package main

import "fmt"

func main() {
    intvals := [5]int{98, 125, 232, 147, 486}
    fmt.Printf("1番目の要素は%d¥n", intvals[1])
    fmt.Printf("0番目の要素は%d¥n", intvals[0])
    fmt.Printf("4番目の要素は%d¥n", intvals[4])
    fmt.Printf("2番目と3番目の要素を足すと%d¥n", intvals[2]+intvals[3])
    intvals[1] -= 100
    fmt.Printf("今や1番目の要素は%d¥n", intvals[1])
}
```

この行を追加

再度ビルド・実行すると、以下のように出力されます。intvals[1]の値は125でしたが、100を引いてまた代入しているため、「25」と出力されています。

● **実行結果**

```
1番目の要素は125
0番目の要素は98
4番目の要素は486
2番目と3番目の要素を足すと379
今や1番目の要素は25
```

追加された出力結果

◎ 配列とスライス

図2-6で示したように、配列を使う場合は要素の数を先に決めなければなりません。これはデータ型の宣言と同様、メモリーなどのリソースを無駄にしないように、最初から処理すべきものの大きさを決めておくためです。

しかし、要素の数をきちんと正確な数にしなくてはいけないわけではありません。必要な数よりも多く確保しておく分にはエラーになりません。本書で扱うプログラム程度であれば、以下のように100個くらいに確保しても問題にはならないでしょう。

● **要素数を大きめに取る分には問題ない**

```
intvals1 := [100]int{98, 125, 232, 147, 486}
intvals2 := [3]int{98, 125, 232, 147, 486}
```

許される

実行エラーになる

さらに簡単なのは、以下のように要素数を決めずに配列を作成する方法です。それではなぜ最初からこの方法で書かないのでしょうか？

● **要素数を決めないで書くと**

```
intvals3 := []int{98, 125, 232, 147, 486}
```

この書き方は配列そのものではなく、配列の情報を与えるデータ型で**スライス（Slice）**と呼びます。リスト2-8などと同じ構造の配列が作成されますが、その情報であるスライス型のデータが変数intvals3に代入されます。

そこで、goフォルダの下にintsliceフォルダを作成し、その中にリスト2-10のようなプログラムを書いて、intslice.goという名前をつけて保存してください。

リスト2-10 intslice.go：最初の内容

```
package main

import "fmt"

func main() {
    intvals3 := []int{98, 125, 232, 147, 486}

    fmt.Printf("このスライスが見ている配列の要素数は%d¥n", len(intvals3))
}
```

リスト2-10では、**len関数**を用いてスライスintvals3が見ている配列の要素数を取得しています。このようにスライスは、要素数を気にしないで配列を記述し、あとから要素数を確認できるのが便利なところです。ファイルをビルドして実行すると、以下のように出力されます。

● **実行結果**

```
このスライスが見ている配列の要素数は5
```

len関数を用いると、スライスが見ている配列の最後の要素を以下のように取り出せます。配列そのものについて書いたときと同様に、最後の要素のインデックスは「配列の要素数-1」となるので注意してください。リスト2-10に赤文字の行を追記してリスト2-11のようにします。

リスト2-11 intslice.go：len関数で得られる配列の要素数を利用する

```
package main

import "fmt"

func main() {
    intvals3 := []int{98, 125, 232, 147, 486}

    fmt.Printf("このスライスが見ている配列の要素数は%d¥n", len(intvals3))
    fmt.Printf("最後の要素は%d¥n", intvals3[ len(intvals3) - 1 ])
}
```

この行を追加

再度ビルド・実行すると、以下のように出力されます。最後の要素を無事に取り出せたことが確認できます。

● **実行結果**

```
このスライスが見ている配列の要素数は5
最後の要素は486
```

追加された出力結果

またスライスを通じて、スライスが見ている配列の要素を変更できます。リスト2-12では、リスト2-9で変数名をintvals3に変更した行（赤文字行）を追加します。再度ビルド・実行すると、リスト2-9と同じ内容が出力されていることがわかります。

リスト2-12 intslice.go：スライスを通じて元の配列の要素を変更する

```
package main

import "fmt"

func main() {
    intvals3 := []int{98, 125, 232, 147, 486}
    intvals3[1] -= 100                                  この行を追加

    fmt.Printf("このスライスが見ている配列の要素数は%d¥n", len(intvals3))
    fmt.Printf("最後の要素は%d¥n", intvals3[ len(intvals3) - 1 ])
    fmt.Printf("今や1番目の要素は%d¥n", intvals3[1])    この行を追加
}
```

● **実行結果**

```
このスライスが見ている配列の要素数は5
最後の要素は486
今や1番目の要素は25    追加された出力結果
```

なぜ「スライス（削ぎ取る）」と呼ばれているのでしょうか。それは、もともとスライスは配列の一部分を切り取った形で見るために用いられたからです。といっても、Go言語でのスライスは、本当に切り取るわけでもなく、また切り取って別の値を作成するわけでもなく、もとの配列を小さな窓から「見た」ときに得られる情報なのです。

そこで、goフォルダの下にrealsliceフォルダを作成し、その中にリスト2-13のようなプログラムを書いて、realslice.goという名前をつけて保存してください。

リスト2-13 realslice.go：最初の内容

```
package main

import "fmt"

func main() {
    intarray := [5]int{98, 125, 232, 147, 486}    元の配列
    slice13 := intarray[1:4]                      1番目から、3番目まで
    slice0 := intarray[:1]                        0番目から,0番目まで
    slice4 := intarray[4:]                        4番目から,4番目まで
                                                  結果の出力はこれから
}
```

配列からスライスを作成するときは、配列のインデックスを記述する部分に「(切り取る最初のインデックス:切り取った最後のインデックス+1)」という表記をします。ゆえに、[1:4]は、1番目から(4-1)番目までです。

また、切り取る部分が最初の要素から始まるか、または最後の要素に及ぶ場合は、それらを省略できます。よって、リスト2-13でインデックスを[:1]とすると、0番目から(1-1)番目になります。ですから、「0番目」だけの、要素が1つの配列になります。インデックスを[4:]とすると、4番目から(5-1)番目（ただし5番目の要素は存在しない）となりますので、「4番目」だけの要素が1つの配列になります。

これらのことを確かめるために、リスト2-13に赤文字の行を追記してリスト2-14とします。

リスト2-14 realslice.go：元の要素の一部分だけを見るスライス

```
intpackage main

import "fmt"

func main() {
    intarray := [5]int{98, 125, 232, 147, 486}
    slice13 := intarray[1:4]
    slice0 := intarray[:1]
    slice4 := intarray[4:]

    fmt.Printf("slice13[1]は%d¥n", slice13[1])
    fmt.Printf("slice0の要素数は%d¥n", len(slice0))
    fmt.Printf("slice4[0]の値は%d¥n", slice4[0])
}
```

slice13に見える要素の中の1番目

slice0に見える要素の数

slice4に見える要素の中の0番目

この行を追加

ファイルをビルドして実行すると、以下のように出力されます。

● **実行結果**

```
slice13[1]は232
slice0の要素数は1
slice4[0]の値は486
```

元の配列の1番目から3番目を見ているslice13で「1番目」に見えるのは、元の配列の「2番目」に相当する232です。slice0の要素数として1が得られます。そして、slice4で「0番目」に見えるのは、元の配列の「4番目」に相当する486です。

最後にスライスからも、もとの配列の要素の値を変更できることを確かめましょう。リスト2-14に赤文字の行を追記してリスト2-15のようにします。

リスト2-15 realslice.go：部分的なスライスからでも元の要素を変更できる

```
intpackage main

import "fmt"

func main() {
    intarray := [5]int{98, 125, 232, 147, 486}
    slice13 := intarray[1:4]
    slice0 := intarray[:1]
    slice4 := intarray[4:]
    slice13[2] -= 100

    fmt.Printf("slice13[1]は%d¥n", slice13[1])
    fmt.Printf("slice0の要素数は%d¥n", len(slice0))
    fmt.Printf("slice4[0]の値は%d¥n", slice4[0])
    fmt.Printf("今やintarray[3]の値は%d¥n", intarray[3])
}
```

この行を追加（slice13[2] -= 100）

この行を追加。slice13の2番目は元の配列の3番目（fmt.Printf("今やintarray[3]の値は%d¥n", intarray[3])）

再度ビルド・実行すると、以下のように出力されます。slice13で操作した結果が、元の配列intarrayの要素として取り出しても反映され、147が47になっていることがわかります。

● **実行結果**

```
slice13[1]は232
slice0の要素数は1
slice4[0]の値は486
今やintarray[3]の値は47
```

追加された出力結果（今やintarray[3]の値は47）

データの集合体を扱うときは、配列よりもスライスで考えることの方がむしろ多いです。配列とスライスについては、このあともいろいろなサンプルコードで使える幅を広げていきましょう。

SECTION

04 ブール型

プログラミングでよく使うデータ型として最後に学ぶのが「ブール型」と呼ばれるデータ型です。これは、「真」か「偽」かの2つしかありません。単純で、使い方も限られているように見えますが、案外深いのです。

◎ ブール型の基本

ブール型は「真」を表す値と「偽」を表す値の2つしか取りません。Go言語では、真であることをtrue、偽であることをfalseという値のシンボルで表します。trueとfalseは文字列ではないので、引用符は不要です。

ブール型の値を使ってみるために、goフォルダの下にbooleansフォルダを作成し、その中にリスト2-16のようなプログラムを書いて、booleans.goという名前をつけて保存してください。

リスト2-16 booleans.go：最初の内容

```
package main

import "fmt"

func main() {
	a:=true
	fmt.Printf("aの値は%t¥n", a)
	
}
```

あとから書き加える

リスト2-16では、Printf関数で出力させるデータの形式として、ブール値を表す「%t」が出てきています。ファイルをビルドして、実行してみましょう。実行結果を見ると、「それはそうだが、それで？」という感じですね。しかし、面白いのはこれからです。

● **実行結果**

```
aの値はtrue
```

◎ 等価演算子による式の値

ブール型は「真」を表す値と「偽」を表す値の2つしか取らないことは先ほど述べました。リスト2-16に、赤文字の行を追記してリスト2-17のようにしてみましょう。

リスト2-17 booleans.go：結果がブール型になる式

```
package main

import "fmt"

func main() {
    a:=true
    fmt.Printf("aの値は%t¥n", a)

    b := false
    fmt.Printf("a==bの値は%t¥n", a == b)
}
```

この行を追加

リスト2-17では、新しく変数bにブール型の値（ブール値と略称することが多い）falseを代入しています。その次の行を見てみましょう。a==bを出力することになっています。これは「a==bという式の値」を出力するという意味になります。

「==」と等号を2つ並べた演算子を**等価演算子**と呼びます。この演算子では左側の値と右側の値が等しければ、この式の値はブール値true、等しくなければfalseになります。これまでの例で変数a、bに数値を代入し、たとえばa+bなどの式の値を出力させました。それと同じです。

再度ビルド・実行すると、以下のように出力されます。aの値はtrue、bの値はfalseとなり、等しくないので、式a==bの値はfalseとなります。

● **実行結果**

```
aの値はtrue
a==bの値はfalse
```

追加された出力結果

「==」に対して「!=」という演算子を用いると、「等しくなければ」式の値はtrueになります。等しいか等しくないかは数値など、同じデータ型同士であればどんな値でも比べることができます。たとえば、リスト2-17に赤文字行を追加して、リスト2-18のように追記してみましょう。

リスト2-18 booleans.go：「等しくなければtrue」になる式

```
001: package main
002:
003: import "fmt"
004:
005: func main() {
006:     a:=true
007:     fmt.Printf("aの値は%t¥n", a)
008:
009:     b := false
010:     fmt.Printf("a==bの値は%t¥n", a == b)
011:
012:     c := 2
013:     d := 5
014:     fmt.Printf("c!=dの値は%t¥n", c != d)
015: }
```

この行を追加

リスト2-18の12～13行目では、cに「2」、dに「5」を代入しています。2は5に等しくないので、「c!=d」の値はtrueとなります。

● **実行結果**

```
aの値はtrue
a==bの値はfalse
c!=dの値はtrue
```

追加された出力結果

◎ 比較演算子による式の値

前述の演算子と同様に、「>」「<」もプログラミングでは演算子として扱われており、**比較演算子**と呼ばれています。これらは数学の世界では「記号」として扱われ、左側の値と右側の値の大小関係を記述する「表現」として使用されています。しかしプログラミングの世界では、大小関係が正しければtrue、そうでなければfalseという値を得るための演算を行うため「式」なのです。

比較演算子の使い方を確認するために、リスト2-18に赤文字行を追加して、リスト2-19のようにしてみましょう。

リスト 2-19 booleans.go：不等式もブール型の値になる

```
001: package main
002:
003: import "fmt"
004:
005: func main() {
006:     a:=true
007:     fmt.Printf("aの値は%t¥n", a)
008:
009:     b := false
010:     fmt.Printf("a==bの値は%t¥n", a == b)
011:
012:     c := 2
013:     d := 5
014:     fmt.Printf("c!=dの値は%t¥n", c != d)
015:     fmt.Printf("c<dの値は%t¥n", c < d)
016:     fmt.Printf("(-c)<(-d)の値は%t¥n", -1*c < -1*d)
017: }
```

（015〜016行目：この行を追加）

リスト2-19ではcに2, dに5を代入しています。15行目の式「c <d」は式「2 < 5」に等価となるため値はtrueになります。さらに16行目では、変数cの値と変数dの値にそれぞれ-1を乗じています。その結果-2、-5になりますので、大小関係は逆転し、値はfalseになります。

● **実行結果**

```
aの値はtrue
a==bの値はfalse
c!=dの値はtrue
c<dの値はtrue
(-c)<(-d)の値はfalse
```

（最後の2行：追加された出力結果）

◎ 論理演算子による式の値

式の値がtrueかfalseになったとき、これに対してさらに演算を行うことが可能です。この演算を論理演算と呼び、基本的には表2-3に挙げる**論理演算子**で行います。

表2-3 主な論理演算子

演算子	説明
&&	論理積（かつ）
||	論理和（または）
!	否定（でない）

論理演算子の使い方を確認するために、リスト2-19に赤文字行を追加して、リスト2-20のようにしてみましょう。

リスト2-20 booleans.go：論理演算子を用いた式の値はブール型

```
001: package main
002:
003: import "fmt"
004:
005: func main() {
006:     a:=true
007:     fmt.Printf("aの値は%t¥n", a)
008:
009:     b := false
010:     fmt.Printf("a==bの値は%t¥n", a == b)
011:
012:     c := 2
013:     d := 5
014:     fmt.Printf("c!=dの値は%t¥n", c != d)
015:     fmt.Printf("c<dの値は%t¥n", c < d)
016:     fmt.Printf("(-c)<(-d)の値は%t¥n", -1*c < -1*d)
017:
018:     over1under3 := 1 < c && c < 3
019:     fmt.Printf("over1under3の値は%t¥n", over1under3)
020:
021:     under5just5 := d < 5 || d == 5
022:     fmt.Printf("under5just5の値は%t¥n", under5just5)
023:
024:     ctimesdnot10 := (c*d != 10)
025:     fmt.Printf("ctimesdnot10の値は%t¥n", ctimesdnot10)
026: }
```

この行を追加

論理演算の式は長くなりますので、結果を一度変数に代入し、その変数を出力に用います。

リスト2-19の18～19行目は、変数cに代入されている値が1より大きく、かつ3より小さければtrueになる式の値を、変数over1under3に代入して、出力に用いています。

リスト2-19の21～22行目は、変数dに代入されている値が5より小さいか、または5に等しければ

trueになる式の値を、変数under5just5に代入して、出力に用いています。

リスト2-19の24～25行目は、変数cの値とdの値を乗じた結果が10でなければtrueになる式の値を、変数ctimesdnot10に代入して、出力に用いています。

● **実行結果**

```
aの値はtrue
a==bの値はfalse
c!=dの値はtrue
c<dの値はtrue
(-c)<(-d)の値はfalse
over1under3の値はtrue
under5just5の値はtrue
ctimesdnot10の値はfalse
```

追加された出力結果

trueまたはfalseという値が出てきたらどうすればよいのでしょうか。これらは次章からたくさん登場しますので、その都度きちんと理解していき、確実に使えるようにしておきましょう。

以上、基本的なデータ型を学びました。これだけ知っていれば、これからのプログラミングを楽しく学んで行けます。もっと複雑なデータの種類とデータの高度な扱い方は、7章で紹介します。

CHAPTER

3

処理の流れを操る制御文

ここまででプログラムの基本とデータ型について学んできました。本章では、処理の流れを操る制御文について学んでいきます。前章までは、ひとつの目的をひとつの短い文で書くことしかできませんでしたが、制御文を用いて、処理を分けたりまとめたり、繰り返したりという、「ストーリー」のある大きな文が書けるようになります。

SECTION 01

繰り返す（for文）

前章で配列を扱えるようになりましたが、配列を使ってもポツポツと要素を取り出すことしかできませんでした。本章ではfor文を使って、配列から要素を1つずつ取り出せるようにしましょう。

◎ for文の基本

goフォルダの下にshoppingフォルダを作成し、その中にリスト3-1のようなプログラムを書いて、shopping.goという名前をつけて保存してください。このプログラムに少しずつ書き加えながら実行していき、配列やスライスの要素を1つずつ取り出す**for文**の使い方を確認していきましょう。

リスト3-1 shopping.go：最初の内容

```
001: package main
002:
003: import "fmt"
004:
005: func main() {
006:     prices := []int{98, 125, 232, 147, 486}
007:     ────────────────────────── ここに他の配列も書いていく
008:     for i := 0; i < len(prices); i++ {
009:         ────────────────────── ここに他の配列も書いていく
010:         fmt.Printf("%d円¥n", prices[i])
011:     }
012: }
```

リスト3-1の9〜12行目がfor文です（図3-1）。

図3-1 shopping.goの中のfor文

for文で始まる繰り返し条件は、数をカウントするための変数を用いて、図3-1①〜③の3つの記述から成立しています。また変数名に「i」を使うのが一般的です。

図3-1①は、変数iを宣言してカウントをはじめる値（「0」）を代入しています。このように省略形「:=」を使うことが可能です。

図3-1②は、繰り返しをやめるまでの条件としてブール値を返す「式」を書いています。通常は変数iの値に関する式となります。式の値がfalseになったときに繰り返しをやめ、for文の{}の中から抜けることになります。図3-1②では、配列の最後の要素までとなりますので、len(prices)で全要素数を求めて、「iが配列の要素数より小さくなくなったら」、つまり「iが配列の要素数に等しくなったら」処理をやめます。最後の要素のインデックスは「len(prices)-1」ですので、「iが配列の要素数に等しくなったら」もう要素を取り出せないからです。

図3-1③は、繰り返しごとにiの値をどう変化させるかを式で表します。リスト3-1の「i++」は、「i += 1」の略です。「++」を**インクリメント演算子（インクリメントは増加の意味）**と呼びます。

これらをまとめると、①〜③では「変数iを用いた処理を行い、終わったらiを増やして、iの値が条件に達していない場合は処理を繰り返す」ことを行っているのです。リスト3-1で行う処理は、スライスpricesから見ている配列のi番目の要素の値を取り出して、文字列に埋め込んで出力することです。

リスト3-1をビルドして実行した結果は以下の通りです。

● **実行結果**

```
98円
125円
232円
147円
486円
```

◎ 文字列の配列

これまで整数の配列だけを紹介してきましたが、文字列の配列を作ることも可能です。スライスの形で定義してみましょう。リスト3-1の「ここに他の配列も書いていく」に、以下のような文字列の配列（のスライス）itemsを作成します。

● **文字列の配列（のスライス）を作成**

```
items := []string{"消しゴム", "ボールペン", "ノート", "付箋紙", "バインダー"}
```

また、リスト3-1の「ここの処理も書き足していく」に、以下のように書きます。

● **書式に書き加える**

```
fmt.Printf("%s: %d円¥n", items[i], prices[i])
```

ただの文字列としてのコロン

「%s」で指定すれば文字列の中に文字列を埋め込むことが可能です。ここでは、複数の文字列を埋め込んでいます。リスト3-1にこれらの変更を反映したものがリスト3-2となります。

リスト3-2 shopping.go：文字列の配列も扱う

```
package main

import "fmt"

func main() {
    prices := []int{98, 125, 232, 147, 486}
    items := []string{"消しゴム", "ボールペン", "ノート", "付箋紙", "バインダー"}

    for i := 0; i < len(prices); i++ {
        fmt.Printf("%s: %d円¥n", items[i], prices[i])
    }
}
```

ファイルを再度ビルド・実行すると、以下のように出力されます。

● **実行結果**

```
消しゴム: 98円
ボールペン: 125円
ノート: 232円
付箋紙: 147円
バインダー: 486円
```

さらに結果を書き出す以外の処理として、1つずつ書き出すたびに小計も一緒に表示できるようにします。for文の前に、以下のような変数sumを作成します。

● **変数sumを作成**

```
sum := 0
```

そしてfor文の中の処理を以下のように変更すると、繰り返しごとにsumの値が増えます。また、Printf関数で3つの式を文字列中に埋め込むことになります。

● **for文の中の処理を修正**

```
sum += prices[i]
fmt.Printf("%s: %d円 | 小計: %d円¥n", items[i], prices[i], sum)
```

for文を抜けてから、総計としてsumの値を書き出します。

● **繰り返し完了後のsumの値を書き出す**

```
fmt.Printf("総計: %d円¥n", sum)
```

リスト3-2にこれらの変更を反映したものがリスト3-3となります。

リスト3-3 shopping.go：繰り返すたびに加算される変数sum

```
package main

import "fmt"

func main() {
    prices := []int{98, 125, 232, 147, 486}
    items := []string{"消しゴム", "ボールペン", "ノート", "付箋紙", "バインダー"}
    sum := 0

    for i := 0; i < len(prices); i++ {
        sum += prices[i]
        fmt.Printf("%s: %d円 | 小計: %d円¥n", items[i], prices[i], sum)
    }
    fmt.Printf("総計: %d円¥n", sum)
}
```

ファイルを再度ビルド・実行すると、以下のように出力されます。前よりもお買い物メモらしくなりました。

● **実行結果**

```
消しゴム: 98円 | 小計: 98円
ボールペン: 125円 | 小計: 223円
ノート: 232円 | 小計: 455円
付箋紙: 147円 | 小計: 602円
バインダー: 486円 | 小計: 1088円
総計: 1088円
```

◎ 2次元配列上での繰り返し

次に「配列の配列」である2次元配列を作成してみましょう。ここでは、複数の受験者が3回試験を受けたときの平均点を算出して表示するプログラムを作成します。goフォルダの下にscoresフォルダを作成し、その中にリスト3-4のようなプログラムを書いて、scores.goという名前をつけて保存してください。

リスト3-4 scores.go

```
001: package main
002:
003: import "fmt"
004:
005: func main() {
006:     scores := [][3]int{
007:         {50, 55, 48}, {72, 85, 66}, {32, 100, 54},
008:         {67, 68, 56}, {87, 67, 73}}
009:
010:     for i := 0; i < len(scores); i++ {
011:         sum := 0
012:         for k := 0; k < 3; k++ {
013:             sum += scores[i][k]
014:         }
015:         fmt.Printf("受験者%d: 平均値%d点¥n", i+1, sum/3)
016:     }
017: }
```

ここに「}」があるのでカンマは不要

カンマが必要

スライスなので、要素の数はlenで決める

各iについて0から開始

要素の数が3なので

kが0から2まで変わる間、iは固定

世の中は1から始まるので

sumの値は保持されている

リスト3-4では、変数scoresに代入しているのはスライスです。そのスライスが見る配列の要素は、[3]int{50, 55, 48}のような要素数3つの配列になっています。「スライスのスライス」を作成することも可能ですが、リスト3-4では、混乱を避けるため要素数を3つと明示しています。

変数scoreに代入したスライスの要素を書く際の注意点があります。それはリスト3-4の7行目のように、最後の要素のあとに改行を入れる場合は「次の行まで読んでほしい」ことを示すために、直後にカンマをつけてください。なお8行目のように最後の要素と同じ行に「}」までを書けば、カンマは不要です。

for文を書くには、まず外枠の配列について変数iで繰り返すごとに、変数kで内側の配列について繰り返します。リスト3-4の12～14行目では、各iに対して、scores[i]が持つ3つの要素の平均を出力させます。ここで行われるのは、まだiの値は変わらず、sumの値も保持されている状態です。受験者番号をiに対応させたいのですが、世の中では番号は1から始まるのが普通なので、i+1で出力させるようにしています。

この処理が終わると、for文の一番最初に戻ります。iが1増えて、i<len(scores)がtrueであれば、新しいiの値で、kが0からの繰り返しをはじめます。

リスト3-4をビルド・実行すると、以下のように出力されます。

● **実行結果**

```
受験者1: 平均値51点
受験者2: 平均値74点
受験者3: 平均値62点
受験者4: 平均値63点
受験者5: 平均値75点
```

SECTION 02

もし…なら（if文）

if文は、与えられた式の値がtrueかfalseかで異なる処理を行うようにする書き方です。配列に対するfor文と組み合わせて、要素の振り分けを行うなど、プログラミングの幅が広がってきます。

◎ そうでなければ何もしない

if文の考え方は、以下の2つに分けることができます。

- **ある条件が満たされるときだけ特定の処理を行う。そうでなければ何もしない**
- **ある条件が満たされるときだけ特定の処理を行う。そうでなければ別の処理をする**

ここでは、if文を使ってある条件が満たされた場合のみ処理を行うものとして、「3927」という数字を、小さい数からどんどん割って割り切れなくなるまで続けるプログラムを書いてみます。

goフォルダの下にf3927フォルダを作成し、その中にリスト3-5のようなプログラムを書いて、f3927.goという名前をつけて保存してください。

リスト3-5 f3927.go

```
package main

import "fmt"

func main() {

    thenum := 3927
    fmt.Println(thenum)

    for n := 2; n < thenum; n++ {
        if thenum%n == 0 {
            thenum /= n
            fmt.Printf("を%dで割ると、%d¥n", n, thenum)
```

（for n := 2; …の行）2から始める

（thenum /= nの行）割ってしまう

```
014:             }
015:         }
016:     }
```

if文は、「if」のあとに、trueかfalseを与える式を置き、その式の値がtrueであれば{}内に書かれた処理を行います。これを行っているのがリスト3-6の11〜13行目の部分です。左側の整数を右側の整数で割った剰余を得る剰余演算子「%」を用いて、thunumをnで割った剰余が0であればtrue、そうでなければfalseを返します。

● **thenumをnで割った剰余が0ならばtrue**

整数を整数で割った余り

```
if thenum % n == 0 {
    thenum /= n
    fmt.Printf("を%dで割ると、%d¥n", n, thenum)
```

trueならば

if文の後の式の評価と、それに応じた処理の実行は、変数nの値を1つずつ増やしていくfor文によって繰り返し行われます。if文の後の式の値がfalseであれば処理は行われず、次の繰り返し回にいきます。

初期値が3927であったthnumの値は、if文の内容が実行されるたびに小さくなっていきます。そこで、リスト3-5のfor文では、繰り返しを終える条件も変わっていくという面白い構造になっています。

リスト3-5を再度ビルド・実行すると、以下のように出力されます。

● **実行結果**

```
3927
を3で割ると、1309
を7で割ると、187
を11で割ると、17
```

◎ そうでなければ、別の処理をする

if文の条件が満たされない場合は、**else**という語を用いて別の処理を書きます。ここでは「じゃんけん」のプログラムを書いて考えてみましょう。

じゃんけんプログラムというと、「わたしがグーで、あなたがグー、チョキ、パーの場合」「わたしがチョキで、あなたがグー、チョキ….」と、1つずつ組み合わせを考えていくことが多いようですが、実は計算で求めることができます。

グー、チョキ、パーにそれぞれ「0」「1」「2」という数を割り当てます。わたしの出した手をme、あなたの出した手をyouとし、「(3+me-you)%3」が「2」の場合はわたしの勝ち、「1」の場合はわたしの負け、「0」の場合はあいことしています。

goフォルダの下にjankenフォルダを作成し、その中にリスト3-6のようなプログラムを書いて、janken.goという名前をつけて保存してください。

リスト3-6 janken.go

```
001: package main
002:
003: import "fmt"
004:
005: func main() {
006:
007:     pattern := [3]string{"グー", "チョキ", "パー"}
008:
009:     fmt.Println("****じゃんけん勝敗リスト****")
010:
011:     for me := 0; me < 3; me++ {
012:
013:         fmt.Printf("わたしが%sのとき:¥n", pattern[me])
014:
015:         for you := 0; you < 3; you++ {
016:
017:             score := (3 + me - you) % 3
018:
019:             if score == 2 {
020:                 fmt.Printf("あなたが%sならわたしの勝ち¥n", pattern[you])
021:             } else if score == 1 {
022:                 fmt.Printf("あなたが%sならわたしの負け¥n", pattern[you])
023:             } else {
024:                 fmt.Printf("あなたが%sならあいこ¥n", pattern[you])
025:             }
026:         }
027:         fmt.Println()
028:     }
029: }
```

3通りしかないとわかっているので（7行目）

わたしがグー、チョキ、パーのとき（15行目）

リスト3-6の11行目から、あなたの手に割り当てる数字を変数youとして「(3 + me - you)% 3の値を評価している個所となります。

● 「あなたの手」を評価

```
for me := 0; me < 3; me++ {
    fmt.Printf("わたしが%sのとき:¥n", pattern[me])
    for you := 0; you < 3; you++ {
        score := (3 + me - you) % 3
        if score == 2 {
            fmt.Printf("あなたが%sならわたしの勝ち¥n", pattern[you])
        } else if score == 1 {
            fmt.Printf("あなたが%sならわたしの負け¥n", pattern[you])
        } else {
            fmt.Printf("あなたが%sならあいこ¥n", pattern[you])
        }
    }
    fmt.Println()
}
```

（for you := 0; you < 3; you++ {）あなたがグー、チョキ、パーのとき

（score := (3 + me - you) % 3）これを評価する

（} else if score == 1 {）elseのあとにさらにif文を書ける

（} else {）上のどれにも当てはまらない場合

リスト3-6をビルド・実行すると、以下のように出力されます。

● 実行結果

```
****じゃんけん勝敗リスト****
わたしがグーのとき:
あなたがグーならあいこ
あなたがチョキならわたしの勝ち
あなたがパーならわたしの負け

わたしがチョキのとき:
あなたがグーならわたしの負け
あなたがチョキならあいこ
あなたがパーならわたしの勝ち

わたしがパーのとき:
あなたがグーならわたしの勝ち
あなたがチョキならわたしの負け
あなたがパーならあいこ
```

リスト3-6では、「2つの条件とそれ以外」という合計3つの条件で異なる処理をしましたが、もっと条件が多くなるとif...else if...else if....と長くなりコードが見にくくなります。複数の条件をもっと整理して書けるようにするのが、次のセクションで学ぶswitch文です。

SECTION 03

switch文

switch文は、ある変数の値がなにかという条件を「case」ではじまる文で評価し、条件が満たされた時に特定の処理をします。一度条件が満たされれば再び評価しない、条件が満たされない場合は何もせずに終わる、などの性質を利用すると、便利な使い方ができます。

◎ switch文の基本

switch文の書き方を知るには、まず書いてみるのが一番です。

goフォルダの下にswitch5フォルダを作成し、リスト3-7のようなプログラムを書いて、switch5.goという名前をつけて保存してください。リスト3-7は、昔のテキストエディタのように、キーコマンドによって指定の処理をする機能を想定しています。キー入力の方法は8章で学びますので、今回は文字列リストcommandsから1つずつコマンド文字列を取り出して読ませるようにしています。

リスト3-7 **switch5.go**

```
package main

import "fmt"

func main() {

    commands := []string{"O", "S", "O", "S", "E", "Q"}

    for i := 0; i < len(commands); i++ {
        switch commands[i] {
        case "N":
            fmt.Printf("[%s] 新規文書を作成します。¥n", commands[i])
        case "O":
            fmt.Printf("[%s] 開くファイルを指定してください。¥n", commands[i])
        case "S":
            fmt.Printf("[%s] ファイルを保存しました。¥n", commands[i])
        case "Q":
```

わざと無効な文字を仕込んだ

要素を一つずつ読み出す

{で囲む

:をつける

```
018:             fmt.Printf("[%s] 終了します。よろしいですか。¥n", commands[i])
019:         default:
020:             fmt.Printf("[%s] 無効なコマンドです¥n", commands[i])
021:
022:         }
023:     }
024: }
```

どれにも当てはまらない場合（default:）

リスト3-7の10行目からのswitch文では複数のcase文で場合分けをしています。switch文のあとには変数名を書き、どの変数の値について「スイッチ」するか示します。各case文は値だけを示せば済みます。またswitch文全体を{}で囲みますが、各case文は囲む必要はありません。各case文は次のcase文か、default文があれば終了します。

● **case文での条件分岐**

```
switch commands[i] {
case "N":
    fmt.Printf("[%s] 新規文書を作成します。¥n", commands[i])
case "O":
    fmt.Printf("[%s] 開くファイルを指定してください。¥n", commands[i])
case "S":
    fmt.Printf("[%s] ファイルを保存しました。¥n", commands[i])
case "Q":
    fmt.Printf("[%s] 終了します。よろしいですか。¥n", commands[i])
default:
    fmt.Printf("[%s] 無効なコマンドです¥n", commands[i])
```

リスト3-7をビルドし、プログラムを実行してみましょう。以下のようにコマンド実行風の出力が得られます。

● **実行結果**

```
[O] 開くファイルを指定してください。
[S] ファイルを保存しました。
[O] 開くファイルを指定してください。
[S] ファイルを保存しました。
[E] 無効なコマンドです
[Q] 終了します。よろしいですか。
```

◎ 式の値で場合分け

Go言語では、case文で数値の大小関係を評価することができます。

goフォルダの下にgenerationsフォルダを作成し、その中にリスト3-8のようなプログラムを書いて、generations.goという名前をつけて保存してください。リスト3-8は、スライスageが見ている配列に年齢を表す整数が入っていて、これを年代別に集計しようというプログラムです。

リスト3-8 generation.go

```
package main

import "fmt"

func main() {

    age := []int{18, 22, 56, 39, 42, 62, 27}
    gen := [3]int{}
    dummy := true

    for i := 0; i < len(age); i++ {
        switch dummy {
        case age[i] > 49:
            gen[2]++
        case age[i] > 29:
            gen[1]++
        default:
            gen[0]++
        }
    }

    fmt.Printf("%d名のうち：¥n", len(age))
    fmt.Printf("50代以上は%d名¥n", gen[0])
    fmt.Printf("30-40代は%d名¥n", gen[1])
    fmt.Printf("20代以下は%d名¥n", gen[2])
}
```

age[3]ならば
false
true == dummy
無視

switch文で評価する変数dummyには、ブール型の固定値trueを代入しておきます。一方、ageが見ている配列から要素を取り出してswitch文を評価するたびに、case文の内容のほうが変わります。たとえば、age[3]であれば値は「39」ですから、最初のcase文の値はfalseになり、次のcase文がtrueになり、対応する処理がなされます。そこでdefaultは無視されます。

なお、Go言語のswitch文では、前に書いてある条件に合致して処理されたら、次の条件に合致しても無視されます。リスト3-19で、age[2]の場合「56」ですから、「age[2] > 49」という最初のcase文の処理が行われます。値「56」は次のcase文「age[2] > 29 」にも合致しますが、もう処理してしまったので無視されます。

このように式の値がtrueかfalseかで場合分けする方法はよく使われるので、dummyのような変数を省略して、以下のように書くこともできます。

● 式がtrueかfalseかの場合分けを省略形で書く

```
switch {
    case age[i] > 49:
    case age[i] > 29:
    default:
}
```


リスト3-8で実際に行う処理について説明します。まず、8行目では配列genを作成して、値が整数0である要素を3つ自動で作成しています。

この配列からは、要素gen[0], gen[1], gen[2]の値を操作できます。そこでそれぞれの要素を「50歳以上の人の数」「30歳以上の人の数」「その他の年代の人の数」として、11～19行目のfor文の中のswitch文を書いているのです。

● 3-8のfor文-switch文が完成

```
for i := 0; i < len(age); i++ {
    switch dummy {
        case age[i] > 49:
            gen[2]++
        case age[i] > 29:
            gen[1]++
        default:
            gen[0]++
    }
}
```

for文を抜けたら、gen[0], gen[1], gen[2]の値を書き出しています（22～25行目）。

リスト3-8をビルド・実行すると、以下のように出力されます。

● 実行結果

```
7名のうち：
50代以上は3名
30-40代は2名
20代以下は2名
```

SECTION

04 高度な制御文

これまでで基本的な制御文が書けるようになりました。最後に、もっと細かい条件を書く方法や、制御文の便利な使い方について学んでおきましょう。

◎ 論理積・論理和を用いたif文

2章で説明したように、「&&」を用いた論理積、「||」を用いた論理和の式もそれぞれ、trueかfalseを返すため、if文での評価に用いて処理の条件を細かく設定することが可能です。

goフォルダの下にgoodscoreフォルダを作成し、その中にリスト3-9のようなプログラムを書いて、goodscore.goという名前をつけて保存してください。

リスト3-9 goodscore.go

```
package main

import "fmt"

func main() {
    scores := [5][3]int{
        {20, 98, 40}, {70, 65, 62}, {35, 39, 38},
        {82, 96, 48}, {92, 87, 85},
    }

    for i := 0; i < 5; i++ {
        total := scores[i][0]+scores[i][1]+scores[i][2] > 179
        balance := scores[i][0] > 59 && scores[i][1] > 59 &&
            scores[i][2] > 59
        talent := scores[i][0] > 89 || scores[i][1] > 89 ||
            scores[i][2] > 89

        fmt.Printf("受験者%dさんは:¥n", i+1)
        if total {
            fmt.Println("総得点で合格しています")
```

```
021:         }
022:         if balance {
023:             fmt.Println("全ての課題で合格しています")
024:         }
025:         if !total && !balance && talent {
026:             fmt.Println("一芸に秀でています")
027:         }
028:
029:         if total && balance {
030:             fmt.Println("おめでとうございます。")
031:         } else if total || talent {
032:             fmt.Println("来週、再挑戦できます。")
033:         } else {
034:             fmt.Println("来年、また挑戦してください。")
035:         }
036:         fmt.Println()
037:     }
038: }
```

リスト3-9の11行目からのfor文は、リスト3-4（scores.go）と似ていますが、リスト3-9では3つの課題の試験の結果を以下のように評価しています。

- **「総得点」が180点以上、かつ、すべての課題で60点以上獲得すれば総合的に合格**
- **総得点が足りなくても、すべての課題で60点以上獲得すれば1週間後に再挑戦できる**
- **どちらの場合でもなくても、どれか1つの課題で90点以上獲得すれば1週間後に再挑戦できる**

score[i]で得られる整数の配列は、要素が3つしかありませんから、score[i][0]、score[i][1], score[i][2]というように1つずつ取り出しても、大きな手間にはならないでしょう。そこで、まず以下のように、trueかfalseを与える式の値を変数total、balance、talentにそれぞれ代入します。

● 式の値を変数に代入

```
total := scores[i][0]+scores[i][1]+scores[i][2] > 179
balance := scores[i][0] > 59 && scores[i][1] > 59 &&
    scores[i][2] > 59
talent := scores[i][0] > 89 || scores[i][1] > 89 ||
    scores[i][2] > 89
```

総得点が180点以上

すべての課題が60点以上（論理積）

どれか1つの課題が90点以上（論理和）

そして、これら3つの条件が当てはまったときに、それらの意味を出力させます。しかし、「talent」で表された条件は、すべての課題も総得点も満たしていない時に現れるものです。たとえば、すべての課題で90点以上であれば、特徴として考慮する必要がないため、totalの否定、balanceの否定との論理積になっています。

● **3つの条件の意味を記述する**

```
fmt.Printf("受験者%dさんは:¥n", i+1)
if total {
    fmt.Println("総得点で合格しています")
}
if balance {
    fmt.Println("全ての課題で合格しています")
}
if !total && !balance && talent {
    fmt.Println("一芸に秀でています")
}
```

条件を満たさなければなにもしない
条件を満たさなければなにもしない
両方満たせば両方行う
条件talentだけを満たす

リスト3-9の31行目からは総合評価を行っています。

● **3つの条件の総合評価**

```
if total && balance {
    fmt.Println("おめでとうございます。")
} else if total || talent {
    fmt.Println("来週、再挑戦できます。")
} else {
    fmt.Println("来年、また挑戦してください。")
}
fmt.Println()
```

総得点だけでなく全課題条件もクリア
総得点か、さもなければ一芸を満たす
どの条件も満たさない

リスト3-9をビルド・実行すると、以下のように出力されます。

● **実行結果**

```
受験者1さんは:
一芸に秀でています
来週、再挑戦できます。

受験者2さんは:
総得点で合格しています
すべての課題で合格しています
おめでとうございます。

受験者3さんは:
来年、また挑戦してください。

受験者4さんは:
総得点で合格しています
来週、再挑戦できます。

受験者5さんは:
総得点で合格しています
すべての課題で合格しています
おめでとうございます。
```


◎ switch文の便利な使い方

リスト3-5（f3927.go）では、除算を行う数nを2からはじめて1つずつ増やしていく繰り返しを行いました。2からはじめる理由は、0では除算ができないこと、1では除算しても値が変わらないためです。しかし「2から」という中途半端な出発点が気になります。やはり「ゼロからはじめる」ほうがスッキリする気がしませんか？

そこで、for文とswitch文の組み合わせを使えば、caseの条件に当てはまらなければ何もせずに次の繰り返しに進むことができるので、コードがすっきりします。リスト3-5と同じ考え方で、goフォルダの下にf4147フォルダを作成し、その中にリスト3-10のようなプログラムを書いて、f4147.goという名前をつけて保存してみましょう。

リスト3-10 **f4147.go**

```
package main

import "fmt"

func main() {
    thenum := 4147

    fmt.Println(thenum)
    for n := 0; n < thenum; n++ {
        switch {
        case n == 0:
        case n == 1:
        case thenum%n == 0:
            thenum /= n
            fmt.Printf("を%dで割ると、%d¥n", n, thenum)
        default:
        }
    }
}
```

スッキリと0からはじめる
何もしない
n>2になって、はじめてこの条件を確認する
falseかtrueを返す式のcase文
n>2で、かつthenum%n != 0の場合

このようにすると、nが0と1のときは何もせず、ただnを増やすだけですので、0で除算をするリスクを回避でき、かつ条件の書き方が簡単になります。

リスト3-10をビルド・実行すると、以下のように出力されます。

● **実行結果**

```
4147は...
11で割ると、377
13で割ると、29
```

以上、本章では、基本的な条件文の書き方を学びました。これで、整数の分析やデータの分類や評価を行うなど、プログラムぽいものも作ることができるようになりました。

CHAPTER

4

複雑な処理をまとめる関数

関数を使わないプログラムを書くことはほとんどありません。関数はあらかじめ用意されたものの他、自身でも定義できるため、効率的なプログラミングを行う上では、欠かすことができないものです。

SECTION 01

プログラミングでいう「関数」

プログラミングの「関数」は数学の「関数」と基本的には同じ考え方ですが、プログラミング独特の書き方があります。Go言語では、関数も1つの「データ型」です。

◎ 関数をなぜ使うのか

　これまで学習したプログラムでは、Println関数やPrintf関数、またGoプログラムの基本となるmain関数などの関数が使われていました。これらの関数は**標準関数**と呼ばれ、言語にあらかじめ実装されているものです。本章ではこの標準関数ではなく、自身で作成する関数の作り方や使い方を学んでいきます。

　まず、プログラムにおいて関数を使うメリットとはどのようなものでしょうか。3章で学習したf4147.go（リスト3-10）を元に考えてみましょう。

　f4147.goは割り算プログラムですが、変数thenumの値だけしか計算することができませんでした。つまり特定の値だけしか計算できないため、他の値で計算したい場合は、プログラムを書き換えるか、違うプログラムを作る必要がありました。

　しかし、この課題は自身で作成した関数を活用することで解決できます。以下のgetfactors関数を見てください。これはf4147.goのmain関数のほとんどの内容を関数として記述したものです。違うのは変数thenumに具体的な数値を割り当てていないところだけです。

● **getfactors関数**

```
func getfactors(thenum int) {
    fmt.Println(thenum)
    for n := 0; n < thenum; n++ {
        switch {
            case n == 0:
            case n == 1:
            case thenum%n == 0:
                thenum /= n
                fmt.Printf("を%dで割ると、%d¥n", n, thenum)
            default:
```

```
        }
    }
    fmt.Println()
}
```

作成した関数はmain関数の外に書きます。main関数では、たとえば以下のようにgetfactors関数を利用します。これで好きな整数を設定して同じ処理を行うことができるようになります。

● **main関数でgetfactors関数を使う**

```
func main() {
    getfactors(2310)
    getfactors(37789)
    getfactors(1256997)
}
```

それではこれらを活かしたプログラムで確認してみましょう。goフォルダの下にfactorsフォルダを作成し、その中にリスト4-1のようなプログラムを書いて、factors.goという名前をつけて保存してください。

リスト4-1 factors.go

```
package main

import "fmt"

func getfactors(thenum int) {
    fmt.Println(thenum)
    for n := 0; n < thenum; n++ {
        switch {
        case n == 0:
        case n == 1:
        case thenum%n == 0:
            thenum /= n
            fmt.Printf("を%dで割ると、%d¥n", n, thenum)
        default:
        }
    }
    fmt.Println()
}

func main() {
    getfactors(2310)
    getfactors(37789)
    getfactors(1256997)
}
```

リスト4-1をビルド・実行すると、以下のように出力されます。

● **実行結果**

```
2310
を2で割ると、1155
を3で割ると、385
を5で割ると、77
を7で割ると、11
37789
を23で割ると、1643
を31で割ると、53
1256997
を3で割ると、418999
を7で割ると、59857
を17で割ると、3521
を503で割ると、7
```

◎ 関数の定義方法

自分でプログラム中に関数の名前とその処理法を書くことを、**関数を定義する**と呼びます。関数の定義方法を理解するため、図4-1のscoreavg関数を見てください。

図4-1 関数の定義方法

```
func scoreavg(scores []int) int {
 ❶      ❷       ❸      ❹    ❺
    sum := 0
    for i := 0; i < len(scores); i++ {
        sum += scores[i]
    }
    return sum / len(scores)
      ❻
}
```

Go言語で関数を定義する際に重要となる書き方は、図4-1①～⑥で示した6点です。

関数の定義はfuncで書きはじめます（図4-1①）。funcのあとには関数名を書きます。図4-1では「scoreavg」です（図4-1②）。

関数名のあとに、括弧を置いてその中に処理に用いる値を代入するための変数名を置きます（図4-1③）。この変数は関数の中だけで利用されます。このように関数に値を渡すための変数を引数と呼びます。図4-1では「scores」です。引数も変数の1つであるため、データ型を指定する必要があります（図4-1④）。引数scoresのデータ型は、整数を要素とする配列のスライスです。

図4-1⑤は戻り値と呼ばれます。式の結果が値になるのと同じように、関数も結果として値を返します。慣例的には関数は値を「戻す」と呼ぶため、この値を「戻り値」と呼びます。引数の情報である図4-1③④を囲んだ括弧のすぐあとに、戻り値のデータ型を書きます。この関数はint型の値を戻すように定義しました。

ただし関数は値を戻さないこともあります。図4-1のgetfactors関数は処理だけを行い、値を戻していません。

関数が値を戻す場合、処理の最後に「return」という語とともに、戻り値を書きます（図4-1⑥）。実際に戻す値のデータ型は、図4-1⑤で定義した戻り値の型と一致しなければなりません。この関数では、計算した結果である整数を戻します。また戻り値には変数名をつけません。というのも、関数名が戻り値の変数名と同様の役割をするためです。

以上で図4-1のscoreavg関数は、引数として渡したスライスが見ている配列の要素の値の平均値を戻すようになっているのです。

◎ 関数の呼び出し

定義した関数をmain関数の中で実際に使ってみましょう。プログラミングでは、関数を使うことを**関数を呼び出す**と言います。

goフォルダの下にscorestaticフォルダを作成し、その中にリスト4-2のようなプログラムを書いて、scorestatic.goという名前をつけて保存してください。このプログラムでは、数学の試験の得点リストを想定した変数名を使っています。

リスト4-2 scorestatic.go：最初の内容

```
package main

import "fmt"

func scoreavg(scores []int) int {
    sum := 0
    for i := 0; i < len(scores); i++ {
        sum += scores[i]
    }
    return sum / len(scores)
}

func main() {
    mathscores := []int{40, 89, 77, 68, 72, 39, 58, 87, 93, 48, 65, 74, 60}
    fmt.Printf("%d名による数学試験の結果:¥n", len(mathscores))
    fmt.Printf("平均点 %d点¥n", scoreavg(mathscores))
}
```


リスト4-2では、スライスmathscoresの内容をscoreavg関数の引数に渡しています。このように、引数名と引数に渡す変数名は違っても同じでも問題ありません。

リスト4-2をビルド・実行すると、以下のように出力されます。

● **実行結果**

```
13名による数学試験の結果:
平均点 66点
```

以上、関数の定義方法でした。次に、関数の戻り値をどのように使うかを習得していきましょう。

SECTION 02

関数の値を用いる

関数を呼び出して、その戻り値を使うことは、プログラミングの文法上どういう様式と意味を持つのでしょうか。すでに使っていたお馴染みの関数についてもはっきりさせましょう。

◎ Printf関数のしくみ

2章のプログラムから使っていたPrintf関数も、実は同じしくみで呼び出しています。リスト4-2の15行目にあるPrintf関数をもう一度見てみましょう。

● **Printf関数**

```
fmt.Printf("%d名による数学試験の結果:¥n", len(mathscores))
```

2つの引数に値を渡している

Printf関数を呼び出す際は、複数の引数を渡します。この引数の渡し方には順番があります。最初は、式を埋め込むように書式を設定した文字列を渡します。次に、必要な数だけ埋め込みたい値を代入した変数か、または関数の呼び出しで得られる戻り値を渡します。

先ほどの例で渡されているのは、以下のように記されるlen関数を呼び出した戻り値です。

● **len関数を呼び出した戻り値**

```
len(mathscores)
```

変数mathscoresの値を渡している

len関数はすでに何度も出てきていますが、lenを呼び出すとき引数にスライスを渡して、その要素数を戻り値として得ていたのです。

同じように、scoreavg関数に変数mathscoresの値を渡した結果を、さらにPrintf関数に渡して出力を得たわけです。

◎ main関数の謎

これまでのプログラムでは、main関数の中に処理を書くことで、プログラムに動作をさせていました。実はこのmain関数も関数の定義の1つです。ただし、先ほどのPrint関数との違いは、引数を取らず戻り値も与えないことです。

● **実はmainという関数を定義している**

関数名

引数をとらない
戻り値を与えない

ここに処理を書いてきた

```
func main() {

}
```


◎ 別の関数を呼び出す

本章の最初で紹介したgetfactors関数（P.84参照）や、リスト4-2のscoreavg関数は、それぞれのプログラム内でmain関数とは別の場所に定義されていました。これらの関数がmain関数の中で使われるということは、関数の定義の中で別の関数を呼び出していることを意味します。つまり、自分で定義した関数の中でも他の関数を呼び出すことができるのです。

ただし、関数同士がお互いを呼び出し合うような書き方は、鶏が先か卵が先かの関係となるため、行ってはいけません。また自分自身を呼び出すことはできます（再帰的関数）が、書き方を間違うと無限ループを発生させるため注意が必要です。

scoreavg関数は平均値を求める関数でした。複数の数値の集合には分散という統計値があります。これは「それぞれの値と平均値の差の2乗」の平均です。リスト4-2の編集を続けて、mathscoresの整数データの分散を求めてみましょう。そのためには、まず、以下のような、2つの引数に与えた値の差の2乗を戻すsubsqr関数を定義します。

● **subsqr関数**

```
func sbsqr(a int, b int) int {
    return (a - b) * (a - b)
}
```

subsqr関数ではじめて引数を2つとる関数を定義しました。次に分散は「各値と平均値との差」の平均値となり、平均値を求める過程の1つといえます。そこで以下のように平均も分散も求めることのできるavgvar関数を作成します。

● **avgvar関数**

```
func avgvar(scores []int, avg int) int {
    sum := 0
    for i := 0; i < len(scores); i++ {
        if avg == 0 {
            sum += scores[i]
        } else {
            sum += sbsqr(scores[i], avg)
        }
    }
    return sum / len(scores)
}
```

普通の平均値

関数sbsqrを呼び出している

avgvar関数では、引数avgに0を与えると普通の平均値、avgに平均値を与えると分散を計算するようにしています。avgvar関数で分散を計算したいときにavgに与える平均値は、同じavgvar関数でavgに0を与えた時の戻り値です。ですから、main関数でこのavgvar関数を使って分散を求めるには以下のように面白い形になります。

● **avgvar関数を使って分散を求める**

```
fmt.Printf("分散　%d(点・点)¥n", avgvar(mathscores, avgvar(mathscores, 0)))
```

ここでは、引数に与えるために一度avgvar関数を呼び出して求めた平均値でもう一度avgvarを呼び出しています。合計2回独立に呼び出しているだけで、再帰呼び出しではありません。

リスト4-3 scorestatic.go：引数avgの値によって平均も分散も求められる

```
package main

import "fmt"

func scoreavg(scores []int) int {
    sum := 0
    for i := 0; i < len(scores); i++ {
        sum += scores[i]
    }
    return sum / len(scores)
}

func sbsqr(a int, b int) int {
    return (a - b) * (a - b)
}

func avgvar(scores []int, avg int) int {
    sum := 0
    for i := 0; i < len(scores); i++ {
        if avg == 0 {
            sum += scores[i]
        } else {
            sum += sbsqr(scores[i], avg)
        }
    }
    return sum / len(scores)
}

func main() {
    mathscores := []int{40, 89, 77, 68, 72, 39, 58, 87, 93, 48, 65, 74, 60}
    fmt.Printf("%d名による数学試験の結果:¥n", len(mathscores))
    fmt.Printf("平均点 %d点¥n", scoreavg(mathscores))
    fmt.Printf("分散　%d(点・点)¥n", avgvar(mathscores, avgvar(mathscores, 0)))
}
```

リスト4-3をビルド・実行すると、以下のように出力されます。なお、「点・点」と表示されていますが、これは分散の単位をきちんと書いたためで、プログラミングの結果とは関係ありません。

● **実行結果**

```
13名による数学試験の結果:
平均点 66点
分散　288(点・点)
```

◎ 複数の戻り値を与える

Go言語では、1つの戻り値を複数与えることができます。スライスを引数に与えると、そのスライスが見ている配列の要素の最大値と最小値を与える関数としてscoremaxmin関数を定義します。

この方法では、戻り値にも引数のような変数名を与え、関数の中でそれらの変数に値を与えます。関数の最後に「return」と書けば、これらの戻り値が与えられることが自動的に決定します。

● 2つの戻り値を与えるscoremaxmin関数

```
func scoremaxmin(scores []int) (max int, min int) {

    max = scores[0]
    min = scores[0]
    ――――――――――
    return
}
```

maxとminに値を与える処理を書く

scoremaxmin関数で「maxとminに値を与える処理」と書いた部分に、以下の処理を書けば、それぞれ最大値、最小値にできます。

● maxとminに値を与える

```
for i := 1; i < len(scores); i++ {
    if max < scores[i] {
        max = scores[i]
    }
    if min > scores[i] {
        min = scores[i]
    }
}
```

main関数上ではこのscoremaxmin関数を呼び出し、2つの変数で戻り値を受け取ります。

● scoremaxmin関数を呼び出し、2つの変数で戻り値を受け取る

```
max, min := scoremaxmin(mathscores)
fmt.Printf("最高点 %d点¥n", max)
fmt.Printf("最低点 %d点¥n", min)
```

ここでは、main関数の中でも変数名maxとminを用いていますが、必ずしもscoremaxmin関数の定義で用いた戻り値の変数名と一致させる必要はありません。「a, b」でも「x, y」でも、変数を2つ用意しておけば、関数で定義した戻り値max、minの順番で値が割り当てられます。これらを反映して変更したscorestatic.goはリスト4-4の通りです。

リスト4-4 scorestatic.go：最大値と最小値を求められるようにする

```
package main

import "fmt"

func scoreavg(scores []int) int {
    sum := 0
    for i := 0; i < len(scores); i++ {
        sum += scores[i]
    }
    return sum / len(scores)
}

func sbsqr(a int, b int) int {
    return (a - b) * (a - b)
}

func avgvar(scores []int, avg int) int {
    sum := 0
    for i := 0; i < len(scores); i++ {
        if avg == 0 {
            sum += scores[i]
        } else {
            sum += sbsqr(scores[i], avg)
        }
    }
    return sum / len(scores)
}

func scoremaxmin(scores []int) (max int, min int) {
    max = scores[0]
    min = scores[0]

    for i := 1; i < len(scores); i++ {
        if max < scores[i] {
            max = scores[i]
        }
        if min > scores[i] {
            min = scores[i]
        }
```

```
        }
        return
    }

    func main() {
        mathscores := []int{40, 89, 77, 68, 72, 39, 58, 87, 93, 48, 65, 74, 60}
        fmt.Printf("%d名による数学試験の結果:¥n", len(mathscores))
        fmt.Printf("平均点 %d点¥n", scoreavg(mathscores))
        fmt.Printf("分散   %d(点・点)¥n", avgvar(mathscores, avgvar(mathscores, 0)))
        max, min := scoremaxmin(mathscores)
        fmt.Printf("最高点 %d点¥n", max)
        fmt.Printf("最低点 %d点¥n", min)
    }
```

ファイルを再度ビルド・実行すると、以下のように出力されます。

● 実行結果

```
13名による数学試験の結果:
平均点 66点
分散   288(点・点)
最高点 93点
最低点 39点
```

追加された出力結果

SECTION 03

値としての関数

オブジェクト指向があまりにも複雑になってきた2000年代になってから、「関数指向」の人気が高まりました。Go言語でも関数指向を採用しています。ここでは「値としての関数」や「第1級オブジェクトとしての関数」という考えをサンプルコードを通じて理解しましょう。

◎「関数の値」ではなく「関数が値」

前の2つのセクションでは「関数の値」、つまり「関数の戻り値」を利用してきました。Go言語では、それ以外に関数を以下のような形式で使用することが可能です。

- **関数自体を「値」として変数に代入する**
- **他の関数の戻り値にする**
- **配列の一要素として集める**

これらの使い方を確認するためにgoフォルダの下にalgebraフォルダを作成し、その中にリスト4-5のようなプログラムを書いて、algebra.goという名前をつけて保存してください。

リスト4-5 algebra.go

```
001:  package main
002:
003:  import "fmt"
004:
005:  func add(a int, b int) (result int, state string) {
006:      result = a + b
007:      state = "a + b"
008:      return
009:  }
010:
011:  func sub(a int, b int) (result int, state string) {
012:      result = a - b
013:      state = "a - b"
014:      return
015:  }
016:
017:  func mul(a int, b int) (result int, state string) {
018:      result = a * b
019:      state = "a * b"
020:      return
021:  }
022:
023:  func div(a int, b int) (result int, state string) {
024:      result = a / b
025:      state = "a / b"
026:      return
027:  }
028:
029:  func main() {
030:      oprs := []func(int, int) (int, string){
031:          add, sub, mul, div,
032:      }
033:
034:      for i := 0; i < len(oprs); i++ {
035:          result, state := oprs[i](18, 6)
036:          fmt.Printf("%s = %d¥n", state, result)
037:      }
038:  }
```

リスト4-5の5〜27行目では、戻り値を2つ取る関数を4つ定義しています。引数・戻り値の数とデータ型がどれも等しいことに注目してください。

● **引数・戻り値の数とデータ型が等しい4つの関数**

```
func add(a int, b int) (result int, state string) {
    result = a + b
    state = "a + b"
    return
}

func sub(a int, b int) (result int, state string) {
    result = a - b
    state = "a - b"
    return
}

func mul(a int, b int) (result int, state string) {
    result = a * b
    state = "a * b"
    return
}

func div(a int, b int) (result int, state string) {
    result = a / b
    state = "a / b"
    return
}
```

4つの関数は、どれも以下に示すようなデータ型で表されます。引数の数とそれぞれのデータ型、戻り値の数とそれぞれのデータ型が、すべて等しくなければ、同じデータ型の関数ではありません。

● **関数のデータ型の1つ**

```
func(int, int)(int, string)
```

引数2つのデータ型（int, int）　**戻り値2つのデータ型**（int, string）

そこで、リスト4-5の31～32行目でデータ型の要素を持つ配列（のスライス）を作成しています。

● **関数のデータ型の要素を持つ配列**

```
oprs := func(int, int)(int, string){
    add, sub, mul, div,
}
```

改行する場合はカンマを置く（div, の後ろのカンマ）

関数名だけを書く（add, sub, mul, div）

リスト4-5の35行目では、この配列の要素である関数を使用しています。

● **配列の要素を1つ取って使用する**

```
result, state = oprs[0](18, 6)
```

これをadd関数を普通使って書いた場合は、以下のようになります。

● **add関数を直接使用する**

```
result, state = add(18, 6)
```

リスト4-5をビルド・実行すると、以下のように出力されます。

● **実行結果**

```
a + b = 24
a - b = 12
a * b = 108
a / b = 3
```


◎ 関数を引数にとる関数

関数はデータ型を持つ値であるため、他の関数の引数に取ることも可能です。この使い方を確認するためにgoフォルダの下にtestprogフォルダを作成し、リスト4-6のようなプログラムを書いて、testprog.goという名前をつけて保存してください。

リスト4-6 testprog.go

```
package main

import "fmt"

func assert(fn func(int, int) int,
    a int, b int, result int) bool {
    if fn(a, b) == result {
        return true
    }
    return false
}

```

```
013: func main() {
014:     fmt.Println(assert(
015:         func(a int, b int) int {
016:             return a + b
017:         }, 5, 13, 18,
018:     ))
019:
020:     fmt.Println(assert(
021:         func(a int, b int) int {
022:             return a * b * b
023:         }, 3, 5, 15,
024:     ))
025: }
```

リスト4-6の5〜11行目のassert関数では、表4-1にある4つの引数を取ります。assert関数の引数と戻り値は以下のように定義されています。fnにaとbを代入し、その結果をresultの値と比較して、一致した場合はtrue、一致しない場合はfalseを返します。つまり、このassert関数では、ある関数が想定した結果を出すかどうかを調べています。

● **assert関数**

引数名
引数fnのデータ型

```
func assert(fn func(int, int) int,
    a int, b int, result int) bool {
```

他に3つの引数
関数assertの戻り値のデータ型

```
    if fn(a, b) == result {
        return true
    }
    return false
}
```

表4-1 assert関数の引数

引数名	データ型
fn	func(int, int)int
a	int
b	int
result	int

main関数では、assert関数を以下のように使っています（リスト4-6の14〜18行目）。

● **main関数でassertの中身**

```
fmt.Println(assert(
    func(a int, b int) int {
        return a + b
    }, 5, 13, 18,
))
```

改行するのでカンマが必要

順にa、b、resultの値

ここでは、Printlnでassertの戻り値を書き出しており、trueかfalseとだけ出力されます。しかし、assert関数には引数fn、a、b、resultの値を与える必要があります。a、b、resultには、それぞれ「5」「3」「18」という値を与えていることがわかりますが、fnに値を与えているのはリスト4-6の21〜22行目の個所です。これは変数に値を代入していない「無名の関数」です。

● **無名の関数**

```
func(a int, b int) int {
    return a + b
}
```

リスト4-6の14〜18行目で行っているのは、21〜22行目の関数の引数a、bに「5」「13」を与えたとき、その結果がresultに与えた「18」に一致した場合はtrue, しない場合はfalseを返すという処理です。つまり、「5と13から18を得るためにはa+bという式でいいのか？」ということを確かめているのです。

これは2つの整数から1つの整数を得る計算式や関数を入れて、自分が想定した結果が得られるかどうかを確認するためのテストとして使うことができます。

リスト4-6をビルド・実行すると、以下のように出力されます。

● **実行結果**

```
true
false
```

SECTION

04 クロージャという特殊な関数

関数は「値」ですから戻り値にもできます。そこで、関数の中に変数の値を閉じ込める「クロージャ」という技法が実現します。どんなものなのか、プログラムを書いて確かめましょう。

◎ 関数を実行するたび加算される？

goフォルダの下にcountersフォルダを作成し、その中にリスト4-7のようなプログラムを書いて、counters.goという名前をつけて保存してください。

リスト4-7 counters.go：最初の内容

```
package main

import "fmt"

func counter() func() {
    ctr := 0
    return func() {
        ctr++
        fmt.Println(ctr)
    }
}

func main() {
    countfnc := counter()
    countfnc()
    countfnc()
    countfnc()
}
```

同じ記述を3回

このファイルをビルド・実行すると、不思議なことが起きます。

● **実行結果**

```
1
2
3
```

このカラクリはどうなっているのでしょうか？リスト4-7のmain関数では、counterfncという関数を3回実行しているだけです。しかし、実行するたびに出力される数値が1つずつ増えています。

その秘密は、counterfnc関数がどこからきたかです。main関数の一番最初には、counterfuncという変数に、上に定義されたcounter関数の戻り値を代入しています。では、counter関数の戻り値は何かというと関数です。図4-2にcounter関数の構造を示します。

図4-2 counter関数

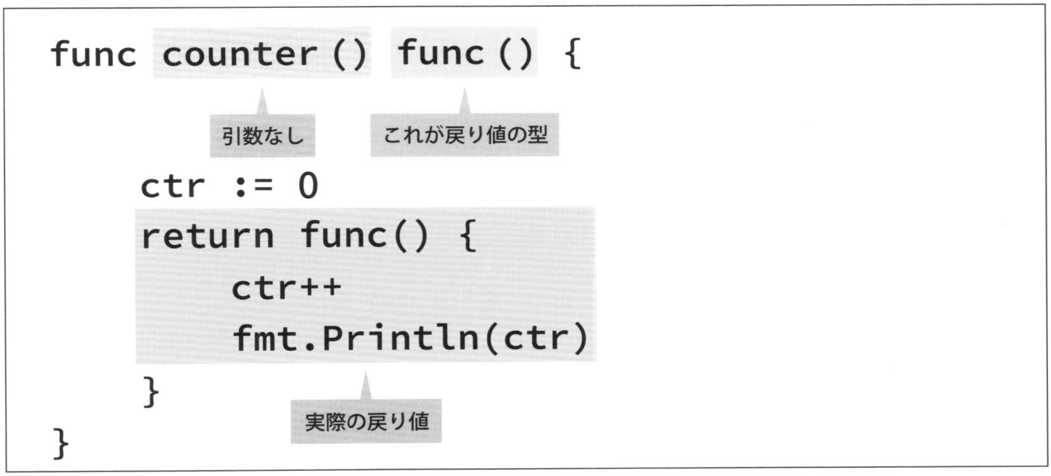

図4-2では、returnの後に書いてあるのはfunc関数ですが、引数と戻り値はありません。しかし、この関数は、自分の外側にある変数ctrの値を扱っています。そこでもう一度main関数（リスト4-7 13行目）を確認してみましょう。counter関数は一度だけ呼ばれています。書かれた順序通りに、まずメモリのどこかに変数ctrで見るべき値の保存場所が作られてから、そのctrの値を増やす処理を含む関数が戻されて、変数countfncに代入されます。

これでcountfuncは関数名として使用できます。代入された関数は引数を取らない型なので、空の中括弧をおきます。こうしてcountfuncを呼ぶと、メモリ上の同じ個所に置かれた値が処理されて値が変わっていきます。

そこで、counter関数中で変数ctrが最初に宣言された直後（リスト4-7の6行目）に、以下のように1行追加してみると、挙動がわかりやすくなります。

● ctrの初期化を宣言する

```
func counter() func() {
    ctr := 0
    fmt.Println("カウンタを初期化しました")
    省略
}
```

1行追加したあとに再度ビルド・実行した結果は以下の通りです。

● 実行結果

```
カウンタを初期化しました ── 追加された出力結果
1
2
3
```


counter関数が呼ばれた最初のときだけctrの初期化が宣言され、その後は関数を呼んでもctrの初期化はされません（図4-3）。

図4-3 関数countfncを呼ぶたびにctrの値が増えるしくみ

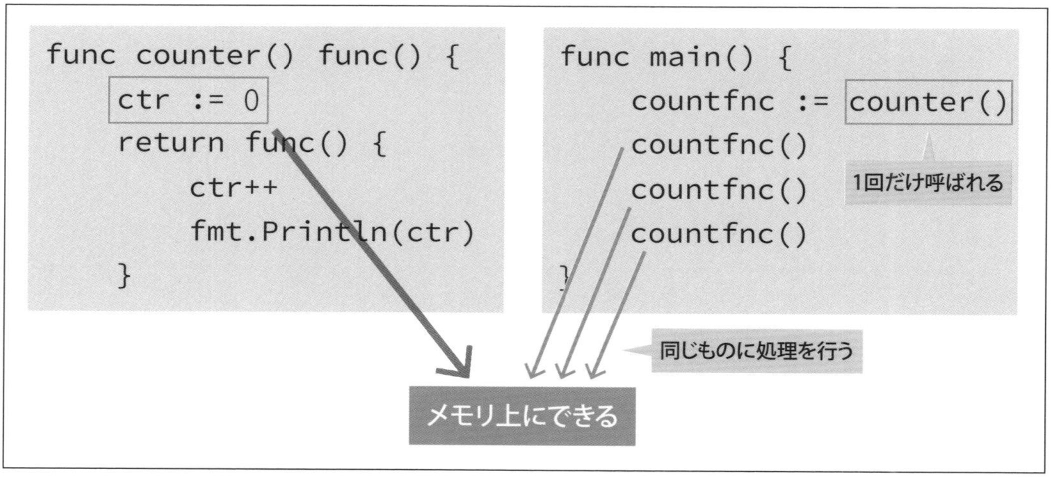

◎ 引数を取るクロージャ

リスト4-7のcounter関数は引数も戻り値もなく、main関数との値のやり取りはありません。しかし、引数を取ったり戻り値を与えるクロージャもあります。リスト4-7を元に、freecounter関数をリスト4-8のように書いてみましょう。

goフォルダの下にfreecountersフォルダを作成し、リスト4-8のようなプログラムを書いて、freecounters.goという名前をつけて保存してください。

リスト4-8 freecounters.go

```
001: package main
002:
003: import "fmt"
004:
005: func counter() func() {
006:     ctr := 0
007:     fmt.Println("カウンタを初期化しました")
008:     return func() {
009:         ctr++
010:         fmt.Println(ctr)
011:     }
012: }
013:
014: func freecounter(start int) func(int) int {
015:     ctr := start
016:     fmt.Printf("フリーカウンタを%dからはじめます¥n", ctr)
017:     return func(add int) int {
018:         fmt.Printf("%dを足して", add)
019:         ctr += add
020:         return ctr
021:     }
022: }
023:
024: func main() {
025:     freecnt := freecounter(10)
026:     fmt.Println(freecnt(2))
027:     fmt.Println(freecnt(5))
028:     fmt.Println(freecnt(7))
029: }
```

リスト4-8の14～22行目がfreecounter関数となります。

● **freecounter 関数**

```
func freecounter(start int) func(int) int {
    ctr := start
    fmt.Printf("フリーカウンタを%dから始めます¥n", ctr)
    return func(add int) int {
        fmt.Printf("%dを足して", add)
        ctr += add
        return ctr
    }
}
```

戻り値の関数の型

¥n を書いていない

無理に戻さなくてもいいのだが戻してみた

freecounter関数自身が取る引数startは、カウンタの初期値です。そして、戻り値の関数の型も整数の引数を1つ取り、整数の戻り値を1つ返す型です。戻り値の関数の引数addは、カウンタに足しこむ整数の値です。ゆえに、このフリーカウンタは、初期値も、カウントするたびに増やす値も、main関数で引数を与えることによって、自由に調節できます。

戻り値の関数が戻す戻り値ctrは、実は戻さなくてもこのカウンタは成立しますが、戻せるということを示すために戻してみました。そのために、Printfで埋め込む文字列は"%dを足して"とだけ書き、改行に必要な¥nを書いていません。この理由は実行したときにわかります。

24行目からのmain関数では、クロージャのfreecnt関数から戻り値を取って、関数Printlnで出力させています。

● **freecounters.go の main 関数**

```
func main() {
    freecnt := freecounter(10)
    fmt.Println(freecnt(2))
    fmt.Println(freecnt(5))
    fmt.Println(freecnt(7))
}
```

カウンタの初期値

freecnt の戻り値

カウンタに足しこむ値

リスト4-8をビルド・実行すると、以下のように出力されます。

● **実行結果**

```
カウンタを初期化しました
1
2
3
フリーカウンタを10から始めます
2を足して12
5を足して17
7を足して24
```

この実行結果では、関数freecntからの出力とmain関数からの出力が合わさった形になっています（図4-4）。

図4-4 freecntとmainからの出力が合成されている

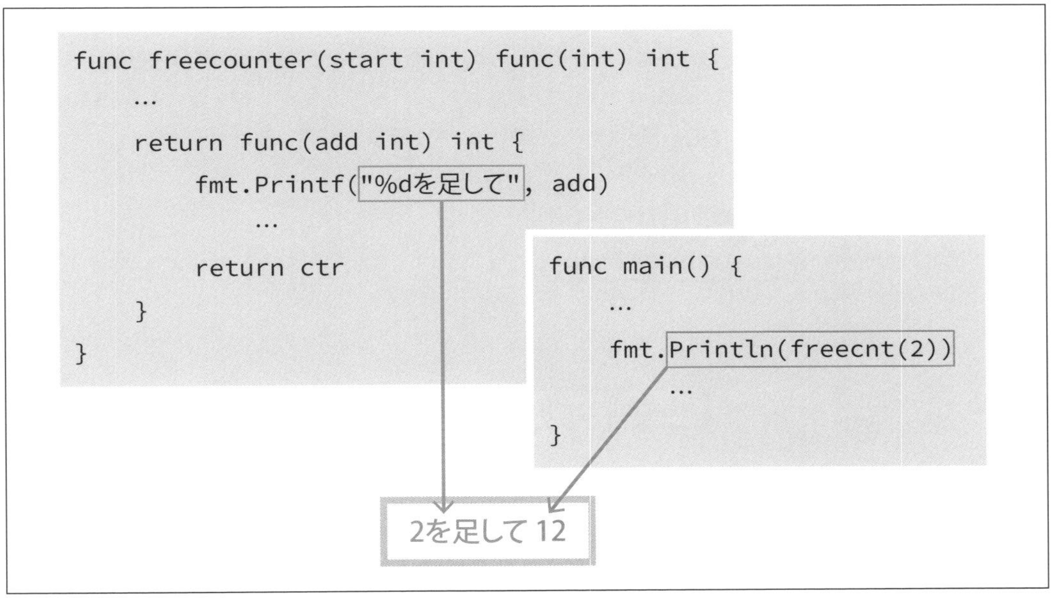

◎ クロージャのどこがいいのか

前項ではクロージャについて解説しました。それでは、このクロージャは何のために使われるのでしょうか？

それは名前の通り、「変数を関数から外に出さない」というクロージャの利点からです。クロージャを使わない場合のカウンターは以下のように書かれます。

● **クロージャを使わないcounter関数とfreecounter関数**

```
func counter(ctr int) int {
    fmt.Println("現カウント数を受け取りました")
    ctr++
    fmt.Println(ctr)
    return ctr
}

func freecounter(ctr, add int) int {
    fmt.Println("現カウント数と足す数を受け取りました")
    ctr += add
    fmt.Printf("%dを足して", add)
    return ctr
}
```

counter関数はカウンタとなる変数を引数として外部からとり、また戻り値として外に出します。freecounterも引数にctrとaddを取ることになります。これらの関数では、無名の関数を戻り値にしません。

main関数では、counter用とfreecounter用に別々の変数をとってカウント値を保持しなければなりません。数を数え続けるには、関数の戻り値をまた新しく呼ぶ関数の引数に渡します。

● **counter関数とfreecounter関数をmainの中で使う**

```
ctr := 0
ctr = counter(ctr)
ctr = counter(ctr)
ctr = counter(ctr)

fctr := 10
fctr = freecounter(fctr, 2)
fmt.Println(fctr)
ctr = freecounter(fctr, 5)
fmt.Println(fctr)
fctr = freecounter(fctr, 7)
fmt.Println(fctr)
```

counter用に変数ctr（ctr := 0）

freecounter用に変数fctr。初期値はここで決める（fctr := 10）

カウンタ1つにそれほど凝る必要はないと思いますが、これらはクロージャのしくみを理解するための例であり、実際にはどうしてもクロージャを使いたくなることはそれほど多くないと思います。クロージャは多数の変数が散乱しないように、関数の中にしまいこんで呼び出されたときだけ機能するようにするなど、プログラム言語の実行環境のプログラムのように大規模で複雑なプログラムに使われています。

以上、処理を関数にまとめることで、複雑な処理が書けるようになりました。次章では、データの複雑な構造を記述する方法を学びます。

CHAPTER

5

複雑なデータ構造を記述する構造体

ここでは、複雑なデータ構造を記述してプログラムで利用するための構造体について解説していきます。
前章までも、配列をうまく組み合わせることで、商品の名前と値段、受験者の名前と3つの教科の点数などを表してきました。しかし、組み合わせるデータが多くなると構造体にまとめる必要が出てきます。

SECTION 01

フィールドだけを持つ構造体 ―― 犬の種類を書く

「整数と犬の違いは何ですか」という質問に、プログラミングの観点から答えると、「数値には値しかないが、犬には属性がある」という答えになります。Goプログラミングでは、自分で考えて属性を定義できるデータ型を構造体と呼びます。

◎ プログラムの中で「犬」を記述してみよう

これまで、プログラム中では数値と文字列、およびその配列を扱ってきました。私たちが暮らす世の中には、これら数値や文字列の他に、人や犬や学校などもあります……、と書くと奇妙に感じられるでしょう。

しかし、プログラミングの世界では、人や犬や学校などの比較を行うことができるのです。数値には値しかありませんが、犬にはたとえば「ポチ」という名前、「ドーベルマン」という種類、体高（体長より多く使われているらしい）などの属性があります。

Goプログラミングでは、**構造体**(struct)というデータ型で定義します。goフォルダの下にdogフォルダを作成し、dog.goという名前をつけて保存してください（リスト5-1）。

リスト5-1 dog.go：最初の内容

```
package main

import "fmt"

type dog struct {
    name   string
    group  string
    height int
}

func main() {
    pome := dog{"ポメ", "ポメラニアン", 25}
    maru := dog{"マル", "マルチーズ", 22}
```

```
014:     shiba := dog{"シバ", "芝犬", 40}
015:
016:     dogs := []dog{pome, maru, shiba}
017:
018:     for i := 0; i < len(dogs); i++ {
019:         fmt.Printf("%sの%sさんです¥n", dogs[i].group, dogs[i].name)
020:     }
021: }
```

dogインスタンスの配列（のスライス）

リスト5-1の5～9行目でこの構造体で「犬」を記述しています。

● プログラムの中で「犬」を記述する構造体

```
type dog struct {
    name   string
    group  string
    height int
}
```

構造体の定義の仕方は「type 構造体名 struct」で始めます。ここでは、犬を記述するということでdogという構造体名にしています。構造体名は、このファイルの中のみで使う場合は小文字で始めます（大規模なプログラムで他のファイルからも読み込むようにする場合は大文字で始めますが、本書では1つのプログラムを1つのファイルに書くようにします）。

構造体の中では、属性を指定できます。Goプログラミングでは、属性を**フィールド**と呼びます。構造体の定義では、フィールド名とそのデータ型を示します。先ほどの構造体では、name（名前）、group（種類）、height（体高）がフィールド名となります。

構造体の定義は構造を示すだけで、実際のデータはフィールドに値を与えて作成します。リスト5-1の12行目では、名前が「ポメ」、種類が「ポメラニアン」、体高が25センチの犬のデータを作成し、変数pomeに代入しています。

● 構造体dogの型を持つデータ

構造体の定義のしかた　名前は自由につけてよい

```
pome := dog{ "ポメ", "ポメラニアン", 25 }
```

名前　犬種

このように、決められた構造に従って組み立てたデータをインスタンスと呼びます。オブジェクト指向で呼ばれるオブジェクトと明確に区別する必要はありませんが、プログラムを説明するときに「この構造に従って、これらの値を与えて作成した！」という意志を強調したいときインスタンスと呼ぶことが多く見受けられます。本書では、「構造体dogのインスタンスpome」と呼び方で解説を進めます。

「ちょっと待て！名前と種類と体高だけで犬であると決まるのか？猫のデータだって使えるじゃないか！」と思われるかもしれません。確かにその通りです。しかし、プログラムでは、そのプログラムに必要な情報だけを選択して扱います。もし、犬と他の動物を区別しなければならない場合は、動物の種類を区別するフィールドを与えれば良いのです。

なお、構造体に必ずしも何らかのフィールドを作成しなければならないわけではありません。本章の最後では、フィールドを持たない最も簡単な構造体を作成しています。

◎ 構造体のインスタンスのフィールド

5-1では構造体のフィールドに値を与えてインスタンスを作成しました。そのフィールドの値を取り出して使うのがプログラムの目的です。リスト5-1の11～14行目でdogインスタンスpome、maru、shibaを作成し、これらを要素とする配列のスライスdogsを16行目で定義しています。そこで、dogsの要素dogs[i]のあとに構造体dogのフィールド名（group及びname）を書けば、以下のようにフィールドの値が取り出されます。

● **インスタンスからフィールドの値を取り出す**

```
fmt.Printf("%sの%sさんです¥n", dogs[i].group, dogs[i].name)
```

リスト5-1をビルドしてプログラムを実行すると、以下のように出力が得られます。

● **実行結果**

```
ポメラニアンのポメさんです
マルチーズのマルさんです
芝犬のシバさんです
```

◎ 構造体のインスタンスを引数にとる関数

次に構造体のインスタンスを関数の引数にしてみましょう。これを確認するサンプルプログラムとして、リスト5-1をリスト5-2のように変更します。

リスト5-2 dog.go：dogインスタンスを引数にとるbigger関数

```
package main

import "fmt"

type dog struct {
    name   string
    group  string
    height int
}

func bigger(d1 dog, d2 dog) string {
    diff := d1.height - d2.height
    switch {
    case diff > 5:
        return "より大きい"
    case diff < -5:
        return "より小さい"
    default:
        return "と同じ大きさ"
    }
}

func main() {
    pome := dog{"ポメ", "ポメラニアン", 25}
    maru := dog{"マル", "マルチーズ", 22}
    shiba := dog{"シバ", "芝犬", 40}

    dogs := []dog{pome, maru, shiba}

    for i := 0; i < len(dogs); i++ {
        next := i + 1
        if next >= len(dogs) {
            next = 0
        }
        fmt.Printf("%sさんは%sさん%sです¥n", dogs[i].name, dogs[next].name,
            bigger(dogs[i], dogs[next]))
    }
}
```

リスト5-2の11〜21行目のbigger関数では、dogのインスタンスを2つ引数にとり、そのheightフィールドの値を比較します。両者の差が±5以内であれば、同じ大きさとみなします。

main関数の中にあるfor文（リスト5-1の18〜20行目）を以下のようにbigger関数を使った記述に変更します。スライスdogsが見ている配列のある要素とその次の要素をbigger関数の引数に与えます。配列の最後の要素については、次の要素として配列の最初の要素を充てます。

● **mainの中でbiggerを使う**

```
for i := 0; i < len(dogs); i++ {
    next := i + 1
    if next >= len(dogs) {
        next = 0
    }
    fmt.Printf("%sさんは%sさん%sです¥n", dogs[i].name, dogs[next].name,
        bigger(dogs[i], dogs[next]))
}
```

プログラムを再度ビルドして実行すると、以下のように出力されます。

● **実行結果**

```
ポメさんはマルさんと同じ大きさです
マルさんはシバさんより小さいです
シバさんはポメさんより大きいです
```

◎ 構造体のインスタンスを戻り値とする関数

リスト5-2ではbigger関数で2つの要素を比較しましたが、以下のように一番大きな要素を戻すbiggest関数に書き換えたプログラムを作成してみましょう（リスト5-3）。biggest関数は、引数にdogのインスタンスの配列のスライスを取り、フィールドheightの値が最大の要素を戻します。戻り値の型はdogインスタンスです。

リスト5-3 dog.go：dogインスタンスを戻り値とするbiggest関数

```
package main

import "fmt"

type dog struct {
    name   string
    group  string
```

```
    height int
}

func biggest(dogs []dog) dog {
    biggest := dogs[0]

    for i := 1; i < len(dogs); i++ {
        if dogs[i].height > biggest.height {
            biggest = dogs[i]
        }
    }
    return biggest
}

func main() {
    pome := dog{"ポメ", "ポメラニアン", 25}
    maru := dog{"マル", "マルチーズ", 22}
    shiba := dog{"シバ", "芝犬", 40}

    dogs := []dog{pome, maru, shiba}

    fmt.Printf("%sさんが最大です¥n", biggest(dogs).name)
}
```


main関数の中では、biggestの引数にdogsを渡し、戻り値のdogインスタンスを受け取ってフィールドnameの値を取り出します。

● **mainの中でbiggestを使う**

```
fmt.Printf("%sさんが最大です¥n", biggest(dogs).name)
```

リスト5-3を再度ビルドして実行すると、以下のように出力されます。

● **実行結果**

```
シバさんが最大です
```

他にも自由にdogインスタンスの要素を作成して、スライスdogsの定義を加えると面白いでしょう。なお、このdogs.goは次のセクションでもう一度編集します。

SECTION 02

構造体にメソッドを与える ―― 犬を主人公にする

構造体にはデータだけでなく、その構造体のインスタンスだけに与えられる動作としてメソッドを定義できます。Goでのメソッドは関数とあまり変わりませんが、書く人・読む人にとってソースコードの意味が明確になります。

◎ メソッドを用いたプログラム

ここでは、Section 01で解説したdog.goと同じような目的で書き方が異なるプログラムを作成します。goフォルダの下にdogbirdフォルダを作成し、dogbird.goという名前をつけて保存してください（リスト5-4）。

リスト5-4 **dogbird.go**

```
package main

import "fmt"

type dog struct {
    name   string
    group  string
    height int
}

type bird struct {
    name   string
    group  string
    length int
}

func (d dog) describe() string {
    dscr := "わたしは" + d.group
    dscr += "、名は" + d.name
    return dscr
```

```
021: }
022:
023: func (b bird) describe() string {
024:     dscr := "わたしは" + b.name
025:     dscr += "、" + b.group + "の仲間"
026:     return dscr
027: }
028:
029: func main() {
030:     pome := dog{"ポメ", "ポメラニアン", 25}
031:     meji := bird{"メジロ", "スズメ", 12}
032:
033:     fmt.Println(pome.describe())
034:     fmt.Println(meji.describe())
035: }
```

Section 01の構造体dogの定義はそのままにして、main関数の外側に構造体dogのdescribeメソッドを定義します（リスト5-4の17～21行目）。この部分は、たとえばSection 01で定義したpomeインスタンスを用いると「私はポメラニアン、名はポメ」という文字列を戻します。なお、関数（func）として定義されていますが、関数とは定義の仕方が以下のように異なります。

● **メソッドと関数の書き方の違い**

dogインスタンスを引数にとる関数

```
func describe(d dog) string{
省略
```

引数

dogインスタンスのメソッド

これだけが違う ＝ レシーバー

```
func (d dog)describe() string{
省略
```

引数もとれるが今はとらない

メソッドでは、funcのあとに引数のような形で構造体名を置きますが、関数と同じ考え方で取る「引数」と区別するために、こちらは**レシーバー**と呼びます（メソッドでも引数はとりますが、このdescribeメソッドではとっていません）。両者の違いは、以下のように呼び出すときに大きく現れます。

- **メソッドと関数の呼び出し方の違い**

```
fmt.println(describe(pome))
fmt.println(pome.desrcibe())
```

ここが違う

dogインスタンスをpomeとします。呼び出し方の違いでわかる通り、pomeを引数にとる関数では、「誰かがpomeを使って記述をしている」感じがしますが、pomeが呼び出すメソッドでは「pomeが自分で述懐している」ように見えないでしょうか。

◎ 似て非なる構造体と同名のメソッド

メソッドが効いてくるのは他の「似て非なる」構造体と比べる場合です。リスト5-4の11～15行目では、以下のような構造体birdを定義しています。

- **dogと似た構造体bird**

```
type bird struct {
    name   string
    group  string
    length int
}
```

記述しようとしているのが鳥なので、23～27行目では、以下のように同じ名前のメソッドdescribeを定義して中身を少し変更しています。

- **birdインスタンスのメソッドdescribe**

```
func (b bird) describe() string {
    dscr := "わたしは" + b.name
    dscr += "、" + b.group + "の仲間"
    return dscr
}
```

リスト5-4をビルドして実行すると、以下のように出力されます。

- **実行結果**

```
わたしはポメラニアン、名はポメ
わたしはメジロ、スズメの仲間
```

◎ 引数をとるメソッド

先ほどの例では、メソッドはメソッドで引数をとれると言及しました。実際に引数を取るメソッドを定義してみましょう。リスト5-2に追加および一部を書き換えたものがリスト5-5となります。

リスト5-5 dog.go：メソッドbiggerが引数を取るようにする

```
package main

import "fmt"

type dog struct {
    name   string
    group  string
    height int
}

func (d dog) describe() string {
    dscr := "わたしは" + d.group
    dscr += "、名は" + d.name
    return dscr
}

func (d dog) bigger(d2 dog) string {

    dscr := d.describe()
    dscr += "、私は" + d2.name

    diff := d.height - d2.height
    switch {
    case diff > 5:
        dscr += "より大きい"
    case diff < -5:
        dscr += "より小さい"
    default:
        dscr += "と同じくらいである"
    }
    return dscr
}

func main() {
    maru := dog{"マル", "マルチーズ", 22}
    shiba := dog{"シバ", "芝犬", 40}

    fmt.Println(maru.bigger(shiba))
}
```

リスト5-2で定義したbigger関数を、リスト5-5では以下のように書き換えています。

● メソッドとして書き直したbigger関数

```
func (d dog) bigger(d2 dog) string {

    dscr := d.describe()
    dscr += "、私は" + d2.name

    diff := d.height - d2.height
    switch {
    case diff > 5:
        dscr += "より大きい"
    case diff < -5:
        dscr += "より小さい"
    default:
        dscr += "と同じくらいである"
    }
    return dscr
}
```


同じ構造体のメソッドでは、レシーバー名を同じにしなければならないという規則があります。リスト5-2ではレシーバー名をdにしているため、リスト5-5でもdにしています。変更したい場合は、両方変更する必要があります。

一方、もう1つのdogインスタンスd2が引数です。たとえばmaruとshibaを比べて、「わたしはマルチーズ、名はマル、私はシバより小さい」という文字列を一気に戻すようにしています。

● main関数に書き加える

```
maru := dog{"マル", "マルチーズ", 22}
shiba := dog{"シバ", "芝犬", 40}

fmt.Println(maru.bigger(shiba))
```

リスト5-5を再度ビルドして実行すると、以下のように出力されます。

● 実行結果

```
わたしはマルチーズ、名はマル、私はシバより小さい
```

SECTION 03

一歩進んだ構造体の使い方

構造体まで学んで、ようやく身のまわりの事象をプログラムにすることができるようになりました。本節では、構造体を便利に使うための工夫をいくつか紹介します。

◎ 構造体の初期化メソッド

本節では、健康診断を模倣したプログラムを作成してみましょう。といっても、みなさんの健康を診断するものではありません。何人かの人が名前の頭文字を登録し、身長体重を計り、最高血圧と最低血圧を計り、最後に診断を受けるまでの過程を記述するものです。構造体インスタンスで記述されるその人の名前、身長体重、血圧のデータが順に入力され、診断まで保持される様子を見ていきましょう。

goフォルダの下にpexamフォルダを作成し、pexam.goという名前をつけて保存してください（リスト5-6）。

リスト5-6 **pexam.go**

```
package main

import "fmt"

type patient struct {
    name   string
    height int
    weight int
    chest  int
    upb    int
    hbp    int
    lbp    int
}

func newpatient(name string) patient {
    return patient{name, 0, 0, 0, 0, 0, 0}
}
```

```

func (pat patient) bodys(height int, weight int) patient {
    pat.height = height
    pat.weight = weight
    return pat
}

func (pat patient) bloodp(hbp int, lbp int) patient {
    pat.hbp = hbp
    pat.lbp = lbp
    return pat
}

func (pat patient) bmi() string {

    if pat.weight*pat.height <= 0 {
        return "測定エラー"
    }

    bmi := (pat.weight * 10000) / (pat.height * pat.height)

    if bmi < 19 {
        return "もっと食べましょう"
    } else if bmi > 25 {
        return "運動しましょう"
    }
    return "バランスのとれた体格です"
}

func (pat patient) bprange() string {
    if pat.hbp*pat.lbp <= 0 {
        return "測定エラー"
    }

    if pat.hbp < 100 {
        return "血圧が低いかもしれません"
    }
    if pat.hbp < 140 && pat.lbp < 90 {
        return "血圧は正常です"
    }
    return "血圧に注意が必要です"
}

func (pat patient) report() string {
    report := pat.name + "さん: ¥n"
    report += pat.bmi() + "¥n"
    report += pat.bprange()
```

```
065:         return report
066:     }
067: 
068:     func main() {
069:         patients := []patient{
070:             newpatient("HM").bodys(170, 70).bloodp(120, 80),
071:             newpatient("SK").bodys(165, 88).bloodp(135, 92),
072:             newpatient("TN").bodys(156, 39).bloodp(122, 70),
073:             newpatient("AT").bodys(160, 55).bloodp(98, 66),
074:         }
075: 
076:         fmt.Println("***健康診断の結果です***")
077: 
078:         for i := 0; i < len(patients); i++ {
079:             fmt.Println(patients[i].report())
080:             fmt.Println()
081:         }
082:         fmt.Println("***なお、胸囲・座高測定は省略します。****")
083:     }
```


リスト5-6の5～13行目で構造体patientを作成します。ここでは名前、身長、体重、胸囲、座高、最高血圧、最低血圧というたくさんのフィールドを持ちます。

● **構造体 patient**

```
type patient struct {
    name   string   ── 名前
    height int      ── 身長
    weight int      ── 体重
    chest  int      ── 胸囲
    upb    int      ── 座高
    hbp    int      ── 最高血圧
    lbp    int      ── 最低血圧
}
```

すると、patientインスタンスを作成するには、たとえば以下のように書かなければならないのか……と思うことでしょう。

● **patient インスタンスを作成する場合**

```
hm = patient{"HM", 165, 70, 86, 90, 120, 80}
```

これでは、どれがどれに対応しているかわかりづらくなります。さらに「本日は胸囲・座高測定を省略する」としたらどうなるでしょうか。なおさらわからなくなってしまいます。

そこで、以下のようなpatientインスタンスの初期化メソッドを作成してみます。

● patientインスタンスの初期化メソッド

```
func newpatient(name string) patient {
    return patient{name, 0, 0, 0, 0, 0, 0}
}
```

戻り値のデータ型

この初期化メソッドを利用すれば、以下のようにpatientインスタンスを作成できます。これが可能なのは、初期化メソッドの戻り値がpatientインスタンスであるためです。

● 初期化メソッドを用いてpatientインスタンスを作成

```
hm := newpatient("HM")
```

◎ メソッドのチェインあるいはストリーム

次に必要なフィールド値を与えるメソッドを呼び出します。たとえば、「身長・体重」の測定を模倣するbodysメソッドを以下のように定義します。

● 身長・体重の測定を模倣するbodysメソッド

```
func (pat patient) bodys(height int, weight int) patient {
    pat.height = height
    pat.weight = weight
    return pat
}
```

呼んだインスタンスのコピーを戻す

最初に挙げた作成法では「height,weightは何番目のフィールドだったかな」と探す必要がありますが、上記のように定義すれば、すでに作成されたインスタンスのフィールド名height、weightを指定してその値を変更できます。

そして、この場合も戻り値がpatientインスタンスになっています。それだけではありません。このメソッドを呼んだインスタンス自身が戻り値です……、というように見えますが、実は、読んだインスタンスのフィールド値と同じフィールド値を持ったコピーです。

本当にインスタンス自身を扱いたい場合は、6章で学ぶポインタを用います。ここではフィールド値が得られれば良いため、コピーで十分です。これで以下のように便利に書くことができます。

● **呼んだインスタンスのコピーを返すメソッドを使うと便利**

```
hm := newpatient("HM").bodys(165, 70)
```

続いて、最高血圧と最低血圧の測定を模倣するメソッドbloodpを作成します。行っていることは先ほどのbodyメソッドの定義と変わりません。

● **血圧の測定を模倣するメソッド**

```
func (pat patient) bloodp(hbp int, lbp int) patient {
    pat.hbp = hbp
    pat.lbp = lbp
    return pat
}
```

すると、先ほどのメソッドは以下のように書くことができます。

● **さらにメソッドをつなげられる**

```
hm := newpatient("HM").bodys(165, 70).bloodp(120,80)
```

ここがつなげた部分

これで名前が「HM」である人がまず身体測定を行って、次に血圧測定に行く過程を表すことができます。メソッドが自分自身のコピーを返すことで次々とつなげられていく書き方は、プログラミングで一般的にメソッドのチェイン（連鎖）またはストリーム（流れ）と呼ばれています。そして、胸囲・座高は今回計測しないので、何も行わなくて済むのです。

◎ いろいろなメソッド

せっかくインスタンスのフィールド値を設定するメソッドを作ったので、きちんと値が設定されたかどうかを確かめるために診断メソッドをいくつか作成しましょう。

以下にあるメソッド3つは、patientインスタンスが呼ぶメソッドで、引数は取らず、fmt.Println関数で出力するための文字列を戻します。

- **インスタンスのフィールドの値を用いる3つのメソッド**

```
func (pat patient) bmi() string {
    if pat.weight*pat.height <= 0 {
        return "測定エラー"
    }

    bmi := (pat.weight * 10000) / (pat.height * pat.height)

    if bmi < 19 {
        return "もっと食べましょう"
    } else if bmi > 25 {
        return "運動しましょう"
    }
    return "バランスのとれた体格です"
}

func (pat patient) bprange() string {
    if pat.hbp*pat.lbp <= 0 {
        return "測定エラー"
    }

    if pat.hbp < 100 {
        return "血圧が低いかもしれません"
    }
    if pat.hbp < 140 && pat.lbp < 90 {
        return "血圧は正常です"
    }
    return "血圧に注意が必要です"
}

func (pat patient) report() string {
    report := pat.name + "さん: ¥n"
    report += pat.bmi() + "¥n"
    report += pat.bprange()
    return report
}
```

フィールドweightとheightの値が設定されていなければ計算しない

体重はkgだが、身長がcmなのでmに換算

最高血圧と最低血圧の範囲からゆるく判断

メソッドbmiとbprangeを呼び、戻り値の文字列を結合

◎ メソッドのチェインをmain関数で作成

では、main関数で、これらのメソッドを組み合わせます。patientインスタンスは、複数作成して配列に置き、スライスとして変数に代入する場合は、以下のような配列を大胆に作成できます。被験者が、それぞれ身体測定と血圧測定を終えて、診断を受けるために並んでいる感じです。

● メソッドのチェインによって作成されたpatientインスタンスの配列（のスライス）

```
patients := []patient{
    newpatient("HM").bodys(170, 70).bloodp(120, 80),
    newpatient("SK").bodys(165, 88).bloodp(135, 92),
    newpatient("TN").bodys(156, 39).bloodp(122, 70),
    newpatient("AT").bodys(160, 55).bloodp(98, 66),
}
```

こうすれば、1つ1つに変数を割り当てる必要もありません。patients[i]というインデックスで1つ1つ取り出すことができます。以下のように、メソッドreportを呼んで内容を出力するだけです。

● 要素を1つずつ取り出す

```
for i := 0; i < len(patients); i++ {
    fmt.Println(patients[i].report())
    fmt.Println()
}
```

リスト5-6をビルドして実行すると、以下のように出力されます。これで1つの目的のために多くのメソッドを書き、長いプログラムを書けるようになりました。

● 実行結果

```
***健康診断の結果です***
HMさん:
バランスのとれた体格です
血圧は正常です

SKさん:
運動しましょう
血圧に注意が必要です

TNさん:
もっと食べましょう
血圧は正常です

ATさん:
バランスのとれた体格です
血圧が低いかもしれません

***なお、胸囲・座高測定は省略します。****
```

SECTION 04

インターフェイス

構造体まで学んで、ようやく身のまわりの事象をプログラムにすることができるようになりました。本章の最後に、複数の構造体で共通のメソッドをまとめて表示するのに便利なインターフェイスを学びます。

◎ インターフェイスとは

もともとコンピュータにおけるインターフェイスとは、入出力の手段のような意味です。入力にはキーボード、マイク、ファイル、センサーなどがあります。一方出力にはディスプレイ、スピーカ、プリンタ、ファイル、アクチュエータなどがあります。これを等しくinputおよびoutputという名前の関数で、それぞれに合った中身を書くようにしよう、そんな発想からこの記法が定められていると考えるとわかりやすいでしょう。

それらを想定した簡単な模倣プログラムとしてgoフォルダの下にinputフォルダを作成し、input.goという名前をつけて保存してください（リスト5-7）。

リスト5-7 input.go

```
package main

import (
    "fmt"
)

type input interface {
    read() string
}

type keyboard struct{}

type file struct{}

```

```
015: type mic struct{}
016:
017: type sensor struct{}
018:
019: func (k keyboard) read() string {
020:     return "何かキーを押してください"
021: }
022:
023: func (f file) read() string {
024:     return "ファイルパスを指定してください"
025: }
026:
027: func (m mic) read() string {
028:     return "ボタンを押して話してください"
029: }
030:
031: func (s sensor) read() string {
032:     return "計測を開始してください"
033: }
034:
035: func main() {
036:
037:     methods := []input{
038:         keyboard{}, file{}, mic{}, sensor{}}
039:
040:     for i := 0; i < len(methods); i++ {
041:         fmt.Println(methods[i].read())
042:     }
043: }
```

まず、リスト5-7の11〜17行目では、4つの構造体を定義しています。これらはフィールドのない、最も簡単な構造体になっています。

次に、リスト5-7の19〜33行目では、4つの構造体に全て同じ名前、引数の型と個数が同じ、戻り値の型と個数が同じreadメソッドを定義しています。違うのはレシーバーだけです。

● **それぞれの構造体が同じシグニチャのメソッドを持つ**

引数なし　戻り値は文字列が1つ

```
func (k keyboard) read() string {
    return "何かキーを押してください"
}
func (f file) read() string {
    return "ファイルパスを指定してください"
}
func (m mic) read() string {
    return "ボタンを押して話してください"
}
func (s sensor) read() string {
    return "計測を開始してください"
}
```

　メソッドや関数では、メソッド名または関数名、引数・戻り値のそれぞれ型と個数をシグニチャと呼びます、上記の個所では同じシグニチャの4つのメソッドということになります。4つのメソッドはそれぞれが呼ぶ構造体に応じたメッセージの文字列を戻します。

　そこでインターフェイスをリスト5-7の7〜9行目に定義しています。以下に抜粋して示します。シグニチャを持つメソッドの名前を定義するだけです。

● **インターフェイスの定義方法**

```
type input interface {
    read() string
}
```

インターフェイスを定義する利点は、構造体が違っても、同名のメソッドを持っていれば、各インスタンスをまとめて扱えるからです。以下の通りです。

● **スライスの要素のデータ型をinputにする**

```
methods := []input{
    keyboard{}, file{}, mic{}, sensor{},
}
```

　上の記述についてさらに説明しましょう。

　Goでは配列の要素は同じデータ型でなければなりません。異なる4つの構造体のインスタンスは異なるデータ型ですから、同じ配列には置けないはずです。しかし、これらを抽象化するインターフェイスinputのデータ型として同じ配列に置けるのです。

4つの構造体がインターフェイスinputのデータ型でもあるといえるのは、inputではシグニチャだけ定義してあるメソッドの中身を定義しているからで、これを「インターフェイスを実装している」と呼びます。

構造体があるインターフェイスを実装するためには、そのインターフェイスで定義してあるシグニチャのメソッドを実装して（中身を定義して）さえいれば、宣言などをする必要はありません。コンパイラが判断します。

リスト5-7をビルドして実行すると、以下のように出力されます。

● **実行結果**

```
何かキーを押してください
ファイルパスを指定してください
ボタンを押して話してください
計測を開始してください
```

なお、インターフェイスで定義できるのはメソッドのみで、フィールドは定義できません。

◎ より複雑な構造体とインターフェイス

インターフェイス自体の話は、これで終わりです。もっと複雑な構造体をインターフェイスでまとめてみましょう。これを確認するためのサンプルプログラムとしてgoフォルダの下にanimalsフォルダを作成し、animals.goという名前をつけて保存してください（リスト5-8）。

リスト5-8 animals.go

```go
package main

import (
    "fmt"
)

type animaldata interface {
    describe() string
}

type spec struct {
    name  string
    group string
}

func (sp spec) identify() string {
    return sp.group + "の" + sp.name + "さん"
}

```

```
type dog struct {
    sp     spec
    weight int
}

type cat struct {
    sp    spec
    btype string
}

func (d dog) classify() string {
    if d.weight > 25 {
        return "大型犬"
    }
    if d.weight < 10 {
        return "小型犬"
    }
    return "中型犬"
}

func (d dog) describe() string {
    dscr := d.sp.identify()
    dscr += "は" + d.classify()
    return dscr
}

func newcat(name string, group string, typenum int) cat {
    sp := spec{name, group}

    if typenum < 0 || typenum > 5 {
        typenum = 5
    }

    btypes := [6]string{"オリエンタル", "コビー", "セミコビー",
        "フォーリン", "セミフォーリン", "サブスタンシャル"}

    return cat{sp, btypes[typenum]}
}

func (c cat) describe() string {
    dscr := c.sp.identify() + "、"
    dscr += "ボディタイプは" + c.btype

    return dscr
}

```

```
func main() {
    animals := []animaldata{
        dog{spec{"コゲ", "コーギー"}, 15},
        newcat("クロ", "雑種", 2),
        newcat("プリンス", "ペルシャ", 1),
        dog{spec{"ルドルフ", "ハスキー"}, 27},
    }

    for i := 0; i < len(animals); i++ {
        fmt.Println(animals[i].describe())
    }
}
```

リスト5-8はだいぶ大作になりました。似て非なる構造体dogとcatのインスタンスを、なるべく共通の方法で扱って、同じような出力を得られるようにしたいと思います。

リスト5-8では、犬と猫をそれぞれ表す構造体dogとcatを定義しています。一般に、犬と猫の属性というと、ペットとしての呼び名と、個体としての種類、あと大きさですね。実は、犬は通常体重で大きさを区別しますが、猫は大きさと言うより体型（ボディタイプ）を区別するそうです。

そこで単純に書くと、構造体dogとcatの区別はそれぞれ以下のようになるでしょう。すると、名前を表すname、犬種または猫種を表すgroupは共通のデータ型になりますが、もうひとつのフィールドはそれぞれdogがint型、catがstring型で別になります。つまり「似て非なる構造」です。

● **2つの構造体dogとcatを単純に定義した場合**

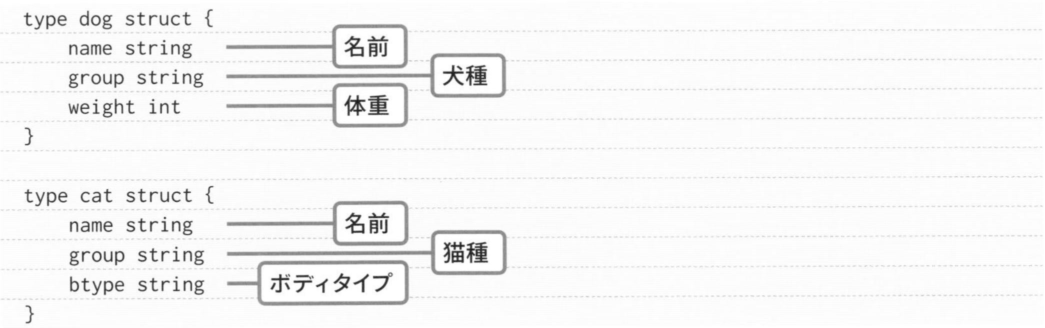

インターフェイスではフィールドを定義できないので、異なる構造体の同じフィールドは、インターフェイスにまとめるのではなく、以下のように別の構造体specにまとめる工夫をします。

● **構造体spec**

```
type spec struct {
    name  string
    group string
}
```

この構造体specに以下のようなメソッドidentifyを定義します。ここまでがリスト5-8の11～18行目です。

● **構造体specのメソッドidentify**

```
func (sp spec) identify() string {
    return sp.group + "の" + sp.name + "さん"
}
```

これを先ほどの構造体dogとcatに当てはめたのが、リスト5-8の20～28行目にある定義です。

● **2つの構造体dogとcatの最終的な定義**

```
type dog struct {
    sp     spec
    weight int
}

type cat struct {
    sp    spec
    btype string
}
```

このように、構造体もデータ型であるため、他の構造体のフィールドの値にでき、出力を得るためのメソッドをきれいにまとめて書くことが可能です。構造体specについて、以下のようにメソッドidentifyを定義しておきます。

構造体dogには以下のようなメソッドclassifyとdescribeを定義します。メソッドdescribeが大変簡単になっているのに注目してください。

● **構造体dogのメソッドclassifyとdescribe**

```
func (d dog) classify() string {
    if d.weight > 25 {
        return "大型犬"
    }
    if d.weight < 10 {
        return "小型犬"
    }
    return "中型犬"
}

func (d dog) describe() string {
    dscr := d.sp.identify()
    dscr += "は" + d.classify()
    return dscr
}
```

ここが簡単になっている

dogインスタンスのフィールドの値d.spは、specインスタンスですので、さらにメソッドidentifyを呼び出すことが可能なのです。

一方、catについては以下のように記述します。newcatメソッドの引数にボディタイプを整数で渡すと、そこからボディタイプの文字列を選んでcatインスタンスのフィールドに代入します。毎回ボディタイプの文字列を入力する手間や、間違った文字列を入力する危険がなくなります。

● **構造体catのメソッドnewcatとdescribe**

```
func newcat(name string, group string, typenum int) cat {

    if typenum < 0 || typenum > 5 {
        typenum = 4
    }

    btypes := [6]string{"オリエンタル", "コビー", "セミコビー",
        "フォーリン", "セミフォーリン", "サブスタンシャル"}

    sp := spec{name, group}

    return cat{sp, btypes[typenum]}
}

func (c cat) describe() string {
    dscr := c.sp.identify() + "、"
    dscr += "ボディタイプは" + c.btype
    return dscr
}
```

typenumに不正な値が入った場合

猫の6つの体格分類例

ここでもspecインスタンスの
メソッドidentifyを用いている

リスト5-8の7～9行目では、インターフェイスanimaldataでメソッドdescribeを定義していますが、構造体dogもcatもそれぞれメソッドdescribeを定義しましたので、ともにanimaldataを実装できます（図5-1）。

図5-1 似て非なる構造体のまとめ方

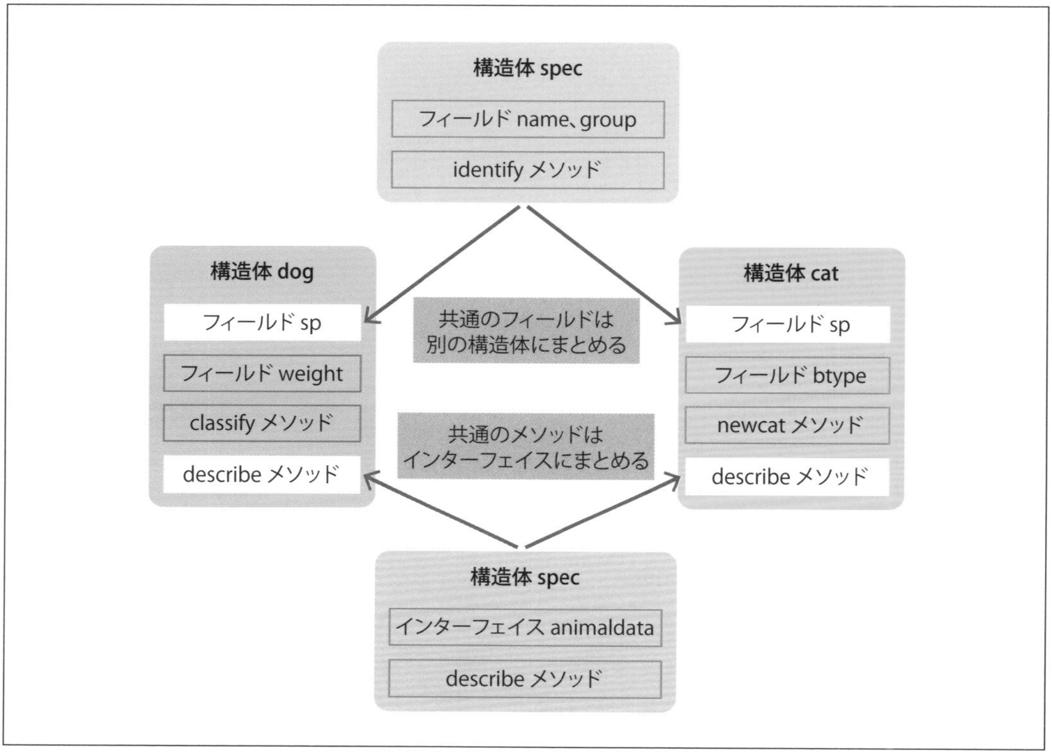

リスト5-8をビルドして実行すると、以下のように出力されます。

● 実行結果

```
コーギーのコゲさんは中型犬
雑種のクロさん、ボディタイプはセミコビー
ペルシャのプリンスさん、ボディタイプはコビー
ハスキーのルドルフさんは大型犬
```

本節でプログラムをなるべく見やすく書く考え方も身についたでしょう。次章から少し難しくなりますが、「Goらしい」プログラムを学ぶともいえます。

CHAPTER

6

データを直接指し示すポインタ

プログラミングでつまずくところとして、よく話題になるのがポインタです。C言語におけるポインタはその専門書籍も出ているほどです。Go言語にもポインタはありますが、本章を理解すれば、それほど難しいものではないことがわかるはずです。

SECTION 01

アドレスとポインタ

C言語を学んだことのある人であれば、ポインタで悩んだ経験をお持ちだと思います。Go言語でもポインタを使いますが、C言語よりもずっと簡単です。データが入っているメモリ上の場所を間接的に表すアドレスについて確認し、そこからポインタの理解に繋げましょう。

◎ 変数から変数へ値を渡す

変数から変数へ値を渡すサンプルプログラムとして、goフォルダの下にcopyingフォルダを作成し、copying.goという名前をつけて保存してください（リスト6-1）。

リスト6-1 copying.go：最初の内容

```
package main

import "fmt"

func main() {
    inta := 5
    intb := inta
    inta = 7
    fmt.Printf("inta は %d¥n", inta)
    fmt.Printf("intb は %d¥n", intb)

    intb = 9
    fmt.Printf("inta は %d¥n", inta)
    fmt.Printf("intb は %d¥n", intb)
}
```

リスト6-1は難しくありません。変数intbに変数intaの値を代入してからintaに別の値を代入するとintbの値はどうなるかを試しているだけです。なぜこれを試しているかというと、今自分（inta)の持っている値をintbに持ってもらうことで、その値がバックアップできるかどうかを確認するためです。

もし、intaに別の値を代入したときにintbまで値が変わってしまったら、バックアップにはなりません。そこでリスト6-1では、intbに別の値を代入したとき、intaがどうなるかも調べています。

リスト6-1をビルドして実行すると、以下のように出力されます。

● **実行結果**

```
inta は 7
intb は 5
inta は 7
intb は 9
```

最初のintaの値は5でした（リスト6-1の6行目）。それをintbに渡し（リスト6-1の7行目）、intaの値を7に変更しました（リスト6-1の8行目）。ここで出力したところ、intbに渡した5は保たれていました。この結果から両変数の値が独立していることがわかります。次に、intbの値を9に変更し（リスト6-1の12行目）、再度出力した結果、intaの値は7のまま保たれていました。

このように、変数が違うと、それが保持している値は独立に保たれることがわかりました。しかし、なぜこのようになるのでしょうか？

◎ 値の保存場所を明らかにする

変数が保持している値がメモリ上のどこに保存されているかを調べることができます。ただし、得られる値は、OSが管理しているメモリ上の場所の識別値です。よってOSごとに表現は異なりますし、具体的にどこにあるのかはわかりません。要は、同じか違うかがわかればいいのです。

この値の保存場所を確認するためにリスト6-1を少し変更したプログラムがリスト6-2です。

リスト6-2 copying.go：値の保存場所を確認する

```
package main

import "fmt"

func main() {

    inta := 5
    intb := inta
    inta = 7
    fmt.Printf("inta は %d¥n", inta)
    fmt.Printf("intb は %d¥n", intb)

    intb = 9
    fmt.Printf("inta は %d¥n", inta)
```

```
        fmt.Printf("intb は %d¥n", intb)

        fmt.Printf("inta のアドレスは %p¥n", &inta)
        fmt.Printf("intb のアドレスは %p¥n", &intb)
}
```

追加した部分

変数intaおよびintbに「&」をつけると、それぞれの変数に保持されている値が実際に保存されているメモリの場所を呼び出せます。この書き方がポインタです。Printf関数で文字列とともに書き出すには、書式をポインタを表す「%p」とします。

● **ポインタ書式で書き出させる**

ポインタの書式　　変数名に＆をつける

```
fmt.Printf("inta のアドレスは %p¥n",&inta)
fmt.Printf("intb のアドレスは %p¥n",&intb)
```

リスト6-2をビルドして実行すると、以下のように出力されます。書式や内容はそれぞれの環境によって異なりますが、ここではintaとintbのアドレスが違っていることを確認してください。

● **実行結果**

```
inta は 7
intb は 5
inta は 7
intb は 9
inta のアドレスは 0xc000010090
intb のアドレスは 0xc000010098
```

アドレスが異なる

この実行結果からわかることは、intaの値とintbの値は別々の場所に保存されているということです。よって、intaに別の値を代入してもintbの値は変わらないし、逆も同様です。これで安心して変数に値を出し入れできます。

またビルドした実行ファイルを数回実行してみると。出力結果が変わることが確認できます。これは保存場所が実行するたびに変わり得るためです。ただし同じ内容なら同じ場所が使われることもあります。もし変わらない場合は何度も試してみるとよいでしょう。

◎ アドレスを指して内容を呼び出す

アドレスを指して内容を呼び出すサンプルプログラムとして、goフォルダの下にpointoutフォルダを作成し、pointout.goという名前をつけて保存してください（リスト6-3）。

リスト6-3 pointout.go：最初の内容

```
001: package main
002:
003: import "fmt"
004:
005: func main() {
006:
007:     inta := 5
008:     adinta := &inta
009:
010:     fmt.Printf("adinta の値は %p¥n", adinta)
011:     fmt.Printf("inta のアドレスは %p¥n", &inta)
012: }
```

別の変数に代入する

変数名はそのまま

リスト6-3の8行目では、変数adintaに&intaを代入しています。そして10～11行目では変数名での出力と、直接のポインタ表現の出力が同じになることを確認しています。リスト6-3をビルドして実行してみると、以下のように出力されます。

● **実行結果**

```
adinta の値は 0xc00001e078
inta のアドレスは 0xc00001e078
```

それでは、アドレスしかわかっていない場合、そのアドレスに保存されている内容を読み取るにはどうすればよいでしょうか？ これを確認するためにリスト6-3に1行追加してリスト6-4のように変更してみましょう。

リスト6-4 pointout.go：アドレスにある値の内容を読む

```
package main

import "fmt"

func main() {

    inta := 5
    adinta := &inta

    fmt.Printf("adinta の値は %p¥n", adinta)
    fmt.Printf("inta のアドレスは %p¥n", &inta)
    fmt.Printf("adinta の内容は %d¥n", *adinta)
}
```

この行を追加

変数の値が何かの値を保存したアドレスである場合、その変数名に「*」をつけることによって、アドレスにある値の内容を呼び出すことができます。adintaの値は&intaですから、*adintaは、*(&inta)と同じになります。

● **アドレスに保存されている内容を読み取る**

*をつける

```
fmt.Printf("adinta の内容は %d¥n", *adinta)
```

しかし、*(&inta)と書くくらいであれば、intaとそのまま書いた方がずっと簡単です。そのため「*」は、変数にアドレスが代入されているときに使う意味があります。リスト6-4をビルドして実行すると、以下のように出力されます。

● **実行結果**

```
adinta の値は 0xc00001e078
inta のアドレスは 0xc00001e078
adinta の内容は 5
```

◎ アドレスを指して内容を書き換える

変数intaと変数adintaのポインタ表現 *adintaとは、メモリ上の同じ場所に保存されている値を指しています。そのため、*adintaの内容を書き換えることでintaの内容を間接的に書き換えることができます。リスト6-4の一部を書き換えてリスト6-5のようにしてみましょう。

リスト 6-5 pointout.go：そのアドレスにある値を書き換える

```
package main

import "fmt"

func main() {

    inta := 5
    adinta := &inta

    *adinta = 7

    fmt.Println("*adintaを変更：")
    fmt.Printf("inta の値は %d¥n", inta)
}
```

値を変更

ただの文字列

intaの値を確認

変更

リスト6-5をビルドして実行すると、以下のように出力されます。最初に5が代入されていた変数intaの値は、*adintaに7を代入することで7に変わっています。

● **実行結果**

```
*adintaを変更：
inta の値は 7
```

これは異なる変数から同じ値を操作できるという点で有用です。リスト6-5の一部を変更して、リスト6-6のように、さらに変数bdintaにintaのアドレスを代入し、ポインタ表現からintaの値を変更してみましょう。

リスト 6-6　pointout.go：他の変数からもアドレス指定で内容を書き換え

```
package main

import "fmt"

func main() {

    inta := 5
    adinta := &inta

    bdinta := &inta
    *bdinta = 9

    fmt.Println("*bdintaを変更：")
    fmt.Printf("inta の値は %d¥n", inta)
    fmt.Printf("adinta の内容は %d¥n", *adinta)
}
```

変更（10〜15行目）:
- bdinta := &inta ← intaのアドレスを取得
- *bdinta = 9 ← さらに別の値を代入
- fmt.Printf("inta の値は %d¥n", inta) ← intaの値はどうか確認
- fmt.Printf("adinta の内容は %d¥n", *adinta) ← さらにadintaの内容はどうか確認

リスト6-6をビルドして実行すると、以下のように出力されます。リスト6-5で7に変わった変数intaの値は、*bdintaに9を代入することで、9になりました。さらに*adintaも9になりました。

● **実行結果**

```
*bdintaを変更：
inta の値は 9
adinta の内容は 9
```

変数adintaと変数bdintaの値は同じ「intaのアドレス」ですが、それぞれ別の場所に保存されているところがおもしろいところです。adintaとbdinta自身もアドレスを持っているため、比較すると「別の場所にあるものだ」とわかります。確認のためリスト6-6をリスト6-7のように変更してみましょう。

リスト6-7 **pointout.go：アドレスを保持する変数のアドレスは？**

```
package main

import "fmt"

func main() {

    inta := 5
    adinta := &inta

    bdinta := &inta
    *bdinta = 9

    fmt.Printf("adinta のアドレスは %p¥n", &adinta)
    fmt.Printf("bdinta のアドレスは %p¥n", &bdinta)
}
```

変更

リスト6-7をビルドして実行すると、以下のように出力されます。書式・内容は環境によって異なりますが、重要なところは両者のアドレスが異なっているところです。

● **実行結果**

```
adinta のアドレスは 0xc00000e028
bdinta のアドレスは 0xc00000e038
```

pointout.goで用いた3つの変数inta、adinta、bdintaの関係を示したのが図6-1です。adinta、bdintaはそれぞれintaのアドレスを値として持っており、intaのアドレスに問い合わせてintaの値を読んだり書き換えたりするのです。

図6-1 **アドレスと値、ポインタ表現の関係**

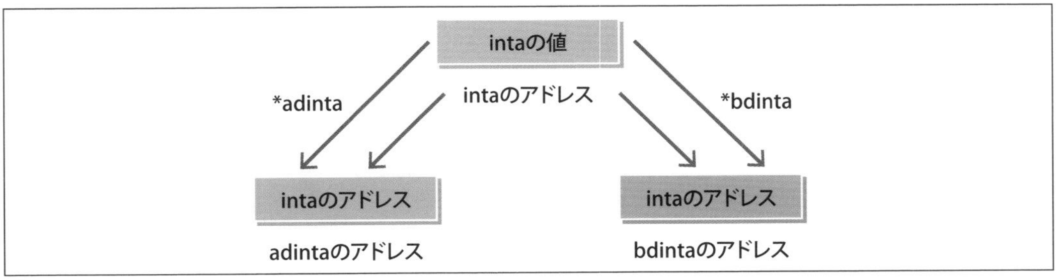

ポインタとは「ポインタというものがある」というより、「アドレスの内容を読み書きする手法がポインタ」と考えたほうがわかりやすいと思います。

SECTION 02

関数とポインタ

なぜ、アドレスを代入した変数にポインタ表現を用いて値を書き換えるなど、まわりくどいことをするかというと、アドレスを関数やメソッドの引数に渡せるからです。まず、関数でポインタをどのように使うか調べてみましょう。

◎ クロージャの謎

4-4でクロージャ関数について解説した際、クロージャの中の変数がメモリ上のある場所に保存されたまま、関数の実行のたびにそこに値が加算されると説明しました。ここでは、変数のアドレスを取得するサンプルプログラムでこれを確認してみましょう。

ここでは、リスト4-7で示したcounter関数を少し修正して、アドレスを表示させるクロージャとしたサンプルプログラムを作成してみましょう。goフォルダの下にpcounterフォルダを作成し、pcounter.goという名前をつけて保存してください（リスト6-8）。

リスト6-8 pcounter.go

```
package main

import "fmt"

func counter() func() {
    ctr := 0
    fmt.Println("カウンタを初期化しました")
    fmt.Printf("カウンタのアドレスは%p¥n", &ctr)
    return func() {
        ctr++
        fmt.Printf("カウンタの値は%d、", ctr)
        fmt.Printf("カウンタのアドレスは%p¥n", &ctr)
    }
}

```

初期化時のctrのアドレス

戻り値の関数の中で使われているctrのアドレス

```
func main() {
    countfnc := counter()
    countfnc()
    countfnc()
    countfnc()
}
```

リスト6-8をビルドして実行すると、以下のように出力されます。書式・内容は環境によって異なりますが、重要なところはカウンタのアドレスが常に同じであることです。同じ場所にある値に加算されるので、関数を実行するたびに値が増えるのは今やまったく不思議ではありません。

● **実行結果**

```
カウンタを初期化しました
カウンタのアドレスは0xc00001e078
カウンタの値は1、カウンタのアドレスは0xc00001e078
カウンタの値は2、カウンタのアドレスは0xc00001e078
カウンタの値は3、カウンタのアドレスは0xc00001e078
```

◎ アドレスを引数に渡す関数

サンプルプログラムとして、goフォルダの下にnoclosureフォルダを作成し、noclosure.goという名前をつけて保存してください（リスト6-9）。

リスト6-9 noclosure.go

```
package main

import "fmt"

func counter(adctr *int) {
    *adctr++
}

func freecounter(adctr *int, add int) {
    *adctr += add
}

func main() {

    ctr := 0
    fctr := 10
```

```
for i := 0; i < 5; i++ {
        counter(&ctr)
        fmt.Printf("カウンタの値は%d¥n", ctr)

        freecounter(&fctr, ctr)
        fmt.Printf("フリーカウンタの値は%d¥n", fctr)
    }

}
```

4章でクロージャを使わないカウンタは、引数にも戻り値にもカウンタの変数が必要であると述べましたが、ポインタを使えば、戻り値は必要なくなります。というのも、引数に変数ctrのアドレスを渡せば、クロージャと同じ働きをするためです。たとえばmain関数中では、以下のように記述します。

● **引数にアドレスを渡すようにする**

```
ctr := 0
省略
counter(&ctr)
```

初期化はmain関数でしなければならない

「引数にそんなものを渡さなければいけないのは面倒だ」と思うかもしれません。しかし、これによってcounter関数のほうが以下のように簡潔になります。

● **引数にポインタ表現を取るcounter関数**

戻り値が要らない

```
func counter(adctr *int) {

    *adctr++
}
```

「*をつければintになる」というデータ型

「引数にポインタ表現を取るcounter関数」では、引数adctrのデータ型が「*int」になっています。これはポインタの使用をデータ型として表す記法で「*adctrのデータ型はint」という意味です。これはC言語などポインタを用いる言語では共通に参照型と呼ばれています。

このcounter関数を呼び出すときには、引数に「&ctr」のようにアドレスを表す記号をつけて渡します。すると、この引数は関数の中で「*(&ctr)」として受け取られます。つまり、ctrの値です。このようなしくみで、関数の外で作成した変数ctrの値をcounter関数の中で変更できるのです。

またここではもう1つ大きな特徴があります。それはリスト中に示したように、戻り値が不要なことです。クロージャでは関数の中に関数を定義して戻すという複雑なことを行っていましたが、ポインタを使えばそのアドレスの数値を書き換えて作業が終了します。

以上、counter関数の中で変数ctrがどう処理されるかを示したものが図6-2です。

図6-2 counter関数の中での変数ctrの処理

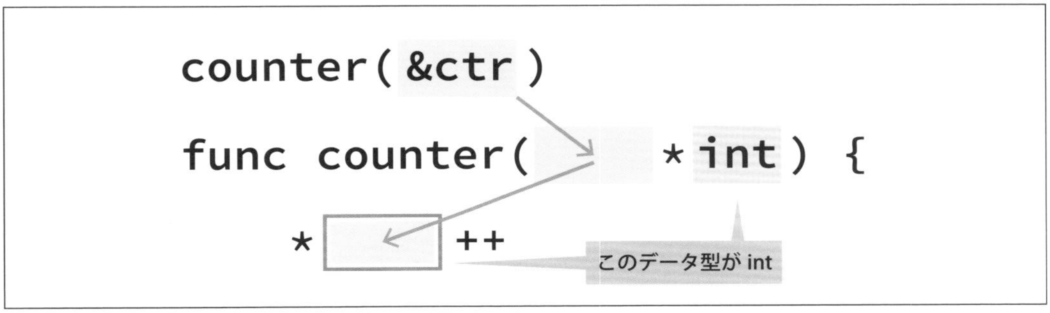

freecounter関数もポインタを使用するように書き換えられます。この場合は、int参照型の引数と、int型の引数をともに取ることになります。

● **freecounter関数**

int参照型　普通のint型

```
func freecounter(adctr *int, add int) {
    *adctr += add
}
```

intとintで足し算ができる

リスト6-9をビルドして実行すると、以下のように出力されます。

● **実行結果**

```
カウンタの値は1
フリーカウンタの値は11
カウンタの値は2
フリーカウンタの値は13
カウンタの値は3
フリーカウンタの値は16
カウンタの値は4
フリーカウンタの値は20
カウンタの値は5
フリーカウンタの値は25
```

◎ 構造体のポインタと関数

構造体もポインタによってそのアドレスから内容を表すことができます。これまでと同じようなカウンタではつまらないので、もう少しだけ複雑なサンプルプログラムで見ていきましょう。goフォルダの下にdiceフォルダを作成し、dice.goという名前をつけて保存してください（リスト6-10）。

リスト6-10 dice.go

```
package main

import "fmt"

type roll struct {
    round int
    score int
}

func begin() *roll {
    fmt.Println("サイコロを投げます")
    return &roll{0, 0}
}

func throw(r *roll, x int) {

    r.round++

    if x%2 == 0 {
        r.score++
    }

    fmt.Printf("%d回目: スコア=%d¥n",
        r.round, r.score)

}

func main() {

    myroll := begin()
    throw(myroll, 6)
    throw(myroll, 5)
    throw(myroll, 2)
    throw(myroll, 4)
    throw(myroll, 3)
}
```

サイコロを投げることを想定し、偶数が出たらスコアが増えるようにします。ただし、今回はサイコロの目をプログラム中で指定するようにしています。そのためにリスト6-10の5〜8行目では、以下のような構造体rollを定義します。

● **構造体roll**

```
type roll struct {
    round int
    score int
}
```

round int ― 回数
score int ― スコア

構造体rollのインスタンスを作成し、そのアドレスを引数に取ることで、同じ構造体のフィールドroundやscoreの値を増やしていくthrow関数を書きます。そのためには今まで学んだ通り、以下のように、構造体rollのインスタンスについてはポインタ表現を用います。

● **throw関数に構造体rollのアドレスを引数に渡す（中身はまだ書いていない）**

```
func throw(r *roll, x int) {

}
```

ここで構造体を処理する

この関数を用いるには、たとえば、main関数で「r」に構造体rollのインスタンスのアドレス、「x」に6を与えます。

● **throw関数の使用例**

```
someroll := roll{0,0}
throw(&someroll, 6)
```

以下のようにrollのインスタンスを作成し、さらにそのアドレスを戻り値にする初期化関数があれば、とても楽です。

● **rollのインスタンスのアドレスを戻り値にする関数begin**

```
func begin() *roll {
    fmt.Println("サイコロを投げます")

    return &roll{0, 0}

}
```

*roll ― ポインタ表現
&roll{0, 0} ― アドレスを返す

これで、以下の変数myrollをthrow関数に引数として渡す際に「&」をつける必要がなくなります。

● **throw関数の使用が楽になる**

```
myroll := begin()
throw( myroll, 6 )
```

&が不要

throw関数を完成させましょう。ここでは便利な省略記法を紹介します。throw関数の引数rはインスタンスのアドレスですので、その内容を見るには「*r」と書かなければなりません。たとえばフィールドroundの値を1増やすには、以下のように書きます。

● **throw関数の引数の本来の使用法**

```
func throw(r *roll, x int) {
    *(r).round++

}
```

このあといろいろ書く

しかしこれは煩雑ですので、関数の中では「*r」を省略して「r」と書いて良いことになっています。throw関数は以下のように記述することが可能です。

● **ポインタ表現を省略してthrow関数を完成**

```
func throw(r *roll, x int) {
    r.round++

    if x%2 == 0 {
        r.score++
    }
    fmt.Printf("%d回目: スコア=%d¥n",r.round, r.score)

}
```

リスト6-10をビルドして実行すると、以下のように出力されます。

● **実行結果**

```
サイコロを投げます
1回目: スコア=1
2回目: スコア=1
3回目: スコア=2
4回目: スコア=3
5回目: スコア=3
```

以上、構造体のインスタンスにもポインタ表現を使って、アドレスから内容を読み書きできることがわかりました。次のSection 03では、構造体のメソッドにおけるポインタ表現について学びます。

SECTION 03

メソッドとポインタ

構造体のインスタンスをポインタで表現できるだけでなく、ポインタで表現したインスタンスからメソッドが呼べます。Go言語の場合、同じ1つのインスタンスをいろいろなメソッドで処理するために、ポインタ表現のメソッドのほうが多いとさえ言われます。

◎ 構造体にポインタを使いたい理由

ポインタの扱いは面倒で、エラーや規則違反を起こしがちです。ポインタを使用しないプログラミングも多数存在しますので、簡単なプログラムであればGoプログラミングにおいても無理に使う必要はありません。

それでもポインタを使ったほうがよい場合とは、1つのインスタンスを確実に指定したいときです。たとえば、ファイルを保存するたびに別のインスタンスとして別の場所に保存されてしまったら、メモリが無駄になり、かつどのファイルが最新なのかがわからなくなります。

また、ユーザー情報の入っているアプリケーションを他のユーザーが開けられると困ることもあります。そのような場合をサンプルプログラムで確認していきましょう。goフォルダの下にsomeappフォルダを作成し、someapp.goという名前をつけて保存してください（リスト6-11）。

リスト 6-11 **someapp.go**

```
package main

import "fmt"

type someapp struct {
    username string
    use      int
    isopen   bool
}

func (app *someapp) open() {
    if app.isopen {
```

```
        fmt.Printf("%sさんのアプリはすでに開いています¥n¥n", app.username)
    } else {
        app.use++
        if app.use > 2 {
            fmt.Printf("%sさんの試用期間は満了です。御購入を御検討ください¥n¥n",
                app.username)
        } else {
            fmt.Printf("こんにちは%sさん、%d回目のご使用になります¥n",
                app.username, app.use)
            app.isopen = true
        }
    }
}

func (app *someapp) close() {
    if app.isopen {
        fmt.Printf("さようなら%sさん、アプリを終了します¥n¥n", app.username)
        app.isopen = false
    }
}

func newapp(username string) someapp {
    fmt.Printf("ようこそ%sさん、初めてのご使用になります¥n", username)
    return someapp{username, 1, true}
}

func main() {
    fmt.Println("[ringoさんがアプリを使用開始]")
    rapp := newapp("ringo")
    rapp.close()

    fmt.Println("[ringoさんがアプリを再び開く]")
    rapp.open()
    rapp.close()

    fmt.Println("[mikanさんがアプリを使用開始]")
    mapp := newapp("mikan")
    mapp.close()

    fmt.Println("[mikanさんがアプリを再び開く]")
    mapp.open()

    fmt.Println("[ringoさんがアプリを3回目に開く]")
    rapp.open()

    fmt.Println("[mikanさんがアプリを3回目に開く]")
    mapp.open()
}
```

リスト6-11の5～9行目は、あるアプリケーションを想定した構造体someappです。

● **構造体someapp**

```
type someapp struct {
    username string
    use      int
    isopen   bool
}
```

ユーザー名
使用回数
開いているかどうか

構造体someappが表現するアプリでは、フィールドusernameでユーザー名を登録します。このアプリは2回しか無料試用できないという想定で、フィールドuseで使用回数を数えます。また、重複して開くことのないように、フィールドisopenですでに開いていないかどうか確認します。なお、このアプリの実態はなく、ただ開いたり閉じたりする回数を数えるだけです。

◎ レシーバを構造体のポインタにする

この構造体someappのポインタ表現でメソッドを呼べるようにするには、メソッドのレシーバをポインタ表現にします。

● **someappのポインタ表現をレシーバにおいたメソッドopen**

レシーバのポインタ表現

```
func (app *someapp) open() {
省略
    app.use++
}
```

今はこれだけ
*をつけなくてよい

レシーバのポインタ表現でも、メソッドの中身では本来であれば「*(app).use」とすべきところを、省略して「app.use」と書くことが可能です。さらにmain関数でこの構造体を用いる際も、以下のように書くことが可能です。

● レシーバのポインタ表現は省略可

```
app1 := app{"user1", 0, false}
app1.open()
```

ポインタ表現でなくてよい

そこで、いくつかメソッドを定義します。まずopenメソッドの中身を組み立てていきましょう。すでに開いているものを重複して開かないよう、以下のように大枠を組みます。

● メソッドopenの大枠

```
func (app *someapp) open() {
    if app.isopen {
        fmt.Printf("%sさんのアプリはすでに開いています¥n¥n", app.username)
    } else {

    }
}
```

アプリを開く処理を行う

「アプリを開く処理を行う」とコメントがあるところでは、app.useの値が2を超えていたら、試用期間満了につきそれ以上の処理を行わないようにします。

someappインスタンスのアプリ終了を模倣するcloseメソッドを以下のように書きます。

● someappインスタンスの終了を模倣するcloseメソッド

```
func (app *someapp) close() {
    if app.isopen {
        fmt.Printf("さようなら%sさん、アプリを終了します¥n¥n", app.username)
        app.isopen = false
    }
}
```

そして、最初にsomeappインスタンスを作成するnewapp関数を書きます。このメソッドでは、ファイルを開くのも兼ねており、フィールドuseの値は1、isopenの値はtrueにしています。

● someappインスタンスを作成するnewapp関数

```
func newapp(username string) someapp {
    fmt.Printf("ようこそ%sさん、はじめてのご使用になります¥n", username)
    return someapp{username, 1, true}
}
```

すでに開いている

ここではポインタ表現ではなく、インスタンスをそのまま返しています。実は、メソッドではレシーバのポインタ表現の扱いが寛容ですので、ここでインスタンスを返してもインスタンスのアドレスを返しても扱いは変わりません。これらを踏まえてリスト6-11をビルドして実行すると、以下のように出力されます。

● **実行結果**

```
[ringoさんがアプリを使用開始]
ようこそringoさん、はじめてのご使用になります
さようならringoさん、アプリを終了します

[ringoさんがアプリを再び開く]
こんにちはringoさん、2回目のご使用になります
さようならringoさん、アプリを終了します

[mikanさんがアプリを使用開始]
ようこそmikanさん、はじめてのご使用になります
さようならmikanさん、アプリを終了します

[mikanさんがアプリを再び開く]
こんにちはmikanさん、2回目のご使用になります
[ringoさんがアプリを3回目に開く]
ringoさんの試用期間は満了です。御購入を御検討ください

[mikanさんがアプリを3回目に開く]
mikanさんのアプリはすでに開いています
```

SECTION 04

ポインタ使用上の注意

以上、ポインタの基本的な使い方には一通り慣れたと思います。本章の最後では、ポインタ使用上の注意事項を確認してのち、最後に「配列を使わずにポインタで作る連結リスト」の初歩について解説します。

◎ レシーバを構造体のポインタにしない場合との違い

リスト6-11（someapp.go）では、各メソッドの定義でレシーバにポインタ表現を使っておく、つまり「*」を1つ置いておけば、すべてが解決しました。それでは、レシーバにもポインタ表現を使わなくてもよいのではと思いたくなるかもしれません。

そこで、レシーバに構造体のインスタンスをそのまま使った場合を考えてみましょう。たとえば、誰か悪い人が、someappのフィールドuseの値を書き換えて、0回から使えるようなcrackメソッドを作成したとします（リスト6-12の38～41行目）。

リスト6-12 someapp.go：レシーバを構造体のポインタにしないメソッド

```
001:  package main
002:
003:  import "fmt"
004:
005:  type someapp struct {
006:    username string
007:    use      int
008:    isopen   bool
009:  }
010:
011:  func (app *someapp) open() {
012:    if app.isopen {
013:      fmt.Printf("%sさんのアプリはすでに開いています¥n¥n", app.username)
014:    } else {
015:      app.use++
016:      if app.use > 2 {
```

```
      fmt.Printf(" %sさんの試用期間は満了です。御購入を御検討ください¥n¥n", app.username)
    } else {
      fmt.Printf("こんにちは%sさん、%d回目のご使用になります¥n",
        app.username, app.use)
      app.isopen = true
    }
  }
}

func (app *someapp) close() {
  if app.isopen {
    fmt.Printf("さようなら%sさん、アプリを終了します¥n¥n", app.username)
    app.isopen = false
  }
}

func newapp(username string) someapp {
  fmt.Printf("ようこそ%sさん、初めてのご使用になります¥n", username)
  return someapp{username, 1, true}
}

func (app someapp) crack() {
  app.use = 0
  fmt.Printf("(%sの試用回数をごまかしたぞヒヒヒ)¥n", app.username)
}

func (app *someapp) extra() {
  app.use = 1
  fmt.Println("1回分おまけしますヨ")
}

func main() {
  fmt.Println("[ringoさんがアプリを使用開始]")
  rapp := newapp("ringo")
  rapp.close()

  fmt.Println("[ringoさんがアプリを再び開く]")
  rapp.open()
  rapp.close()

  fmt.Println("[mikanさんがアプリを使用開始]")
  mapp := newapp("mikan")
  mapp.close()

  fmt.Println("[mikanさんがアプリを再び開く]")
  mapp.open()

```

この行を追加

```
064:     rapp.crack()
065:     fmt.Println("[ringoさんがアプリを3回目に開く]")
066:     rapp.open()
067:
068:     fmt.Println("[mikanさんがアプリを3回目に開く]")
069:     mapp.open()
070:
071:     rapp.extra()
072:     fmt.Println("[ringoさんがアプリを開いてみる]")
073:     rapp.open()
074:     rapp.close()
075:
076:     fmt.Println("[ringoさんが調子にのってもう一度アプリを開いてみる]")
077:     rapp.open()
078: }
```

この行を追加（064行目）

この行を追加（071〜077行目）

このメソッドではレシーバにsomeappのインスタンスを置いています。

● **レシーバにsomeappのインスタンスを用いたメソッドcrack**

```
func (app someapp) crack() {
    app.use = 0
    fmt.Printf("(%sの試用回数をごまかしたぞヒヒヒ)¥n", app.username)
}
```

0回からはじめられるようにする

main関数の中で、インスタンスrappが3回目のopen呼び出しを行う箇所の前に、crackメソッドを呼び出します（リスト6-12の64行目）。

● **試用回数をごまかせるか?**

```
rapp.crack()
fmt.Println("[ringoさんがアプリを3回目に開く]")
rapp.open()
```

ファイルを再ビルド・実行します。ringoさんがアプリを3回目に開くところの出力を見ると、試用回数の書き換えに失敗したことがわかります。

● **実行結果にcrackメソッドが与えた影響**

```
(ringoの試用回数をごまかしたぞヒヒヒ)
[ringoさんがアプリを使用開始]
ringoさんの試用期間は満了です。御購入を御検討ください
```

この出力が挿入される

この結果は変わらない

なぜ失敗したのでしょうか？これは、メソッドのレシーバや関数の引数も、変数の1つだからです。本章の一番最初のプログラムcopying.go（リスト6-1〜6-2）で、ある変数から他の変数に値を渡すと、

別の場所に保存されることを確認しました。同じように、レシーバに渡したインスタンスや、引数に渡した値も、もとのインスタンスとは違う場所に保存されます。しかし、アドレスを渡すと、値は別途保存されず、そのアドレスの値で読み書きされるのです。

メソッドcrackと同様の処理をするが、アドレスを渡す（レシーバにポインタ表現を用いる）メソッドextraも使ってみましょう。これは、特別オマケでもう1回だけ試用できるように、フィールドuseの値を1にします。リスト6-12の43～46行目のようにメソッドを定義します。

● **レシーバにsomeappのポインタ表現を用いたメソッドextra**

```
func (app *someapp) extra() {
    app.use = 1
    fmt.Println("1回分おまけしますヨ")
}
```

main関数の最後に、記述を追加します。メソッドextraで本当にもう1回だけ開けるでしょうか（リスト6-12の71-77行目）。

● **extraメソッドを試してみる**

```
rapp.extra()
fmt.Println("[ringoさんがアプリを開いてみる]")
rapp.open()
rapp.close()

fmt.Println("[ringoさんが調子にのってもう一度アプリを開いてみる]")
rapp.open()
```

しつこいようだが、偶然開けたのではないことを確認

リスト6-12を再度ビルドして実行すると、これまでの出力の最後に以下の内容が加わっています。

● **最後に追加された実行結果**

```
1回分おまけしますヨ
[ringoさんがアプリを開いてみる]
こんにちはringoさん、2回目のご使用になります
さようならringoさん、アプリを終了します

[ringoさんが調子にのってもう一度アプリを開いてみる]
ringoさんの試用期間は満了です。御購入を御検討ください
```

追加された出力結果

◎ メソッドのチェインとの使い分け

作成したインスタンスのフィールドの値を矛盾なく変更していくのに、5-03のリスト5-21〜5-28(pexam.go)で「メソッドのチェイン」を用いました。メソッドの戻り値に自分自身のコピーを返すため、あたかも同じインスタンスに変更を加えるかのように矛盾なく処理ができます。今作っているような小規模のプログラムではコピーを作るメモリ容量や計算量が問題にならないとすると、メソッドのチェインとの使い分けは、ある状況に達成するまでは処理をどんどんつなげていくのがメソッドのチェインです。

一方、今のsomeappのプログラムのように、結果によって別の処理をしたり、他のインスタンスも並行して処理しながら全体を進めていくには、ポインタ表現が向いています。

◎ 構造体のフィールドにポインタ表現を用いる

これまで、ポインタ表現の引数、レシーバ、戻り値などを使ってきましたが、最後に構造体のフィールドにポインタ表現を用いる場合を考えてみましょう。

現在ではデータの集合体といえばすぐに配列を思い浮かべますが、コンピューターの計算性能やメモリ容量が小さかった時代は、配列のための大きなメモリ容量を確保することができませんでした。そこで不定長のデータ集合体を簡単に作るために工夫されたのが「連結リスト」です。現在でも計算効率のためによく使われています。

「連結リスト」のしくみは、各要素を構造体にして、要素同士の前後関係をフィールド値で保持することです。実際にコードを見るほうがわかりやすいでしょう。goフォルダの下にllistフォルダを作成し、llist.goという名前をつけて保存してください（リスト6-13）。

リスト6-13 llist.go

```
package main

import "fmt"

type element struct {
    value string
    next  *element
}

type llist struct {
    head *element
    tail *element
```

```
013: }
014:
015: func (list *llist) add(newvalue string) {
016:
017:     elm := element{newvalue, nil}
018:
019:     if list.head == nil {
020:         list.head = &elm
021:     } else {
022:
023:         elm.isnextto(list.tail)
024:     }
025:     list.tail = &elm
026: }
027:
028: func (elm *element) isnextto(prevelm *element) {
029:     prevelm.next = elm
030: }
031:
032: func (elm *element) getValue() string {
033:     return elm.value
034: }
035:
036: func (list *llist) listall() {
037:     elm := list.head
038:     for {
039:         fmt.Println(elm.getValue())
040:         if elm.next == nil {
041:             break
042:         }
043:         elm = elm.next
044:     }
045: }
046:
047: func main() {
048:     mylist := llist{nil, nil}
049:     mylist.add("クマ")
050:     mylist.add("マンドリル")
051:     mylist.add("ルリビタキ")
052:     mylist.add("キリン")
053:     mylist.add("あっ")
054:
055:     mylist.listall()
056: }
```

リスト6-13の5～8行目の構造体elementは、連結リストの各要素となるインスタンスを作成します。文字列型のフィールドvalueが要素の値です。インスタンスの次の要素をフィールドnextの値にしていますが、このときインスタンスではなく、インスタンスのアドレスを示すポインタ表現で定義します。その内容が自分と同じelement型であることも特徴の1つです。

● **構造体element**

```
type element struct {
    value string
    next  *element
}
```

ポインタ表現（next）
内容のデータ型は自分と同じ（*element）

これで、element型のインスタンスだけで、連結関係はわかるようになりました。しかし、やはり要素群のまとめ役は必要です。これを構造体llistとします。

● **構造体llist**

```
type llist struct {
    head *element
    tail *element
}
```

はじめの要素（head）
終わりの要素（tail）

これは要素の集合体を収める容器のようなものである必要はありません。連結リストのはじめと終わりの要素がわかればよいのです。

はじめが必要な理由は、内容を全部書き出すときの開始点となるためです。一方、終わりが必要な理由は、新しい要素を追加する際、その時点で終わりの要素である要素に追加するためです。これらをポインタ表現でllistのフィールドにします。

図6-3は、構造体llistのインスタンスと、その要素となる構造体elementのインスタンス（elmと表記）の関係をそれぞれのフィールド値で表現した模式図です。ただし、関係を示すだけであれば、llistのフィールドtailの値は不要ですのでここでは描いていません。

また一列ではなくわざと無秩序に配置しているのは、配列ではなく、フィールドnextの値だけでつながっていることを印象づけるためです。最後の要素のフィールドnextはnil（空）です。空の値については7章で解説します。

図6-3 llistとelementの各インスタンスのフィールド値で連結関係を表現(tailは未記入)

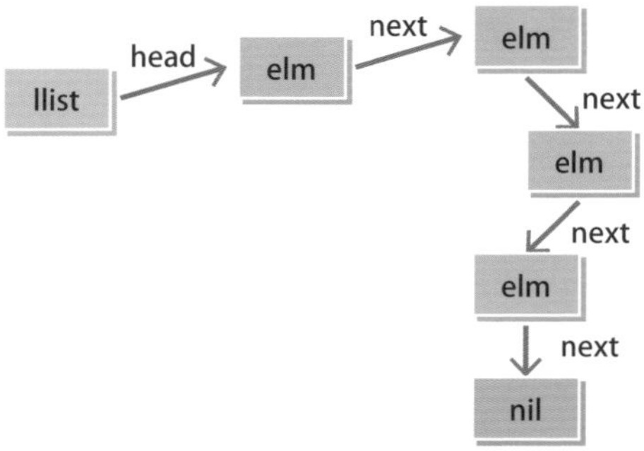

配列にリストを追加する場合、llistのフィールドtailの値に指定されている要素のフィールドnextの値に新しいelmを追加します。「最後の要素はフィールドnextが空なので、それを探せば良い」という方法もありますが、これが一番簡単です。新しく追加した要素llistのフィールドtailに指定します。そのしくみを図6-4に示します。

図6-4 リストに要素を追加。llistフィールドtailを使うと便利

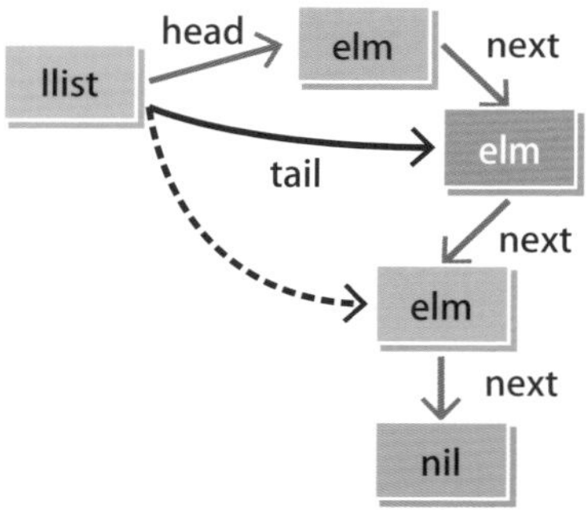

しくみはこれでわかりますが、実際に渡すのはインスタンスのアドレスです。「ポインタ表現を用いた構造体のフィールドのポインタ表現に他の構造体のインスタンスのアドレスを渡す」ということになります。大変混乱してきますね。

そこで、この場合、いろいろなメソッドを用意して、代入する値をメソッドの戻り値にしてしまうとスッキリします。まず、elementのポインタ表現で呼ぶgetValueメソッドで、自身のフィールドvalueの値を返します。この形でのポインタ表現省略は前の節で何度もやりました。

● getValue メソッド

```
func (elm *element) getValue() string {
    return elm.value
}
```

ポインタ表現を省略

isnexttoメソッド（リスト6-13の28行目）は少し面倒です。引数として渡されてきたelementインスタンスのフィールドnextの値を自分自身に設定します。引数名はprevelmにしてあります。「prev」は「前の」という意味で、自分はprevelmの次だ！と宣言します。

たとえば、elmというインスタンスが呼び出す場合は、elm.isnextto(prevelm)というコードになり、「elm is next to prevelm」という順序関係を記述できたことになります。

● isnexttoメソッド

```
func (elm *element) isnextto(prevelm *element) {
    prevelm.next = elm
}
```

ポインタ表現を省略　これらは元々ポインタ表現

メソッドisnexttoでは、引数prevelmのポインタ表現が省略されています。なお、呼び出し側elmの表現については、もともとnextのデータ型がポインタ表現なので、*も&も不要です。これらのメソッドを用いると、llistインスタンスが要素を追加するために呼び出すaddメソッドは、以下のようになります。

● llistのaddメソッド

```
func (list *llist) add(newvalue string) {

    elm := element{newvalue, nil}

    if list.head == nil {
        list.head = &elm
    } else {
        elm.isnextto(list.tail)
    }
    list.tail = &elm
```

ここで作成したインスタンス
最初の1個であれば
メソッドにしてあるので楽
tailだったものの次となる
新しく追加した要素をtailにする
ポインタ表現の省略不可

インスタンスelmは、メソッド内部で作成したインスタンスですので、ポインタ表現は省略できません。戻り値はelmではなく&elmで返します。一方、「llistのフィールドtailの値をelmのアドレスにする」

のは、すでにisnexttoメソッドが定義済みのため、楽に記述できます。

llistがすべての要素を書き出すlistallメソッドは以下の通りです。最初にフィールドheadの値になっているインスタンスを変数elmに保持させます。elmのフィールドvalueの値をgetValueメソッドによって得ます。これを書き出させたら、elmのフィールドnextの値として次のインスタンスを呼び出します。フィールドnextの値がnilになったら処理を終了します。

● **llistのlistallメソッド**

```
func (list *llist) listall() {
    elm := list.head
    for {
        fmt.Println(elm.getValue())
        if elm.next == nil {
            break
        }
        elm = elm.next
    }
}
```

ポインタ表現を省略（list.head）

無限ループ（for {）

for文を抜ける（break）

listallメソッドのfor文には条件がありません。これが無限ループです。ループをやめたいときは、breakという語を使用します。

リスト6-13をビルドして実行すると、以下のように追加した要素のフィールドvalueの値がすべて表示されます。

● **実行結果**

```
クマ
マンドリル
ルリビタキ
キリン
あっ
```

連結リストの技法では、もっと多くのフィールドとメソッドを用いて、要素の挿入や削除、検索などの機能を持たせていきますが、本章ではポインタの使い方を学ぶのが目的ですので、このくらいで終えます。

以上、ポインタ表現の面白さが実感できたのではないでしょうか。次章では、Go言語をより便利に使うための少し面倒な領域に挑戦します。

CHAPTER

7

Goプログラミングの注意事項

ひたすら処理を書き進めているうちはプログラミングも楽しいのですが、入力値や途中の出力に好ましくない値が出た場合の処理は面白くありません。また、他で作られたライブラリを利用しようとするとき、自分が知っているデータ型とは違うものが出てきて戸惑う場合があります。本章はそういう「めんどくさいところ」を一通りサンプルコードで書いてみます。

SECTION

01 値がない・値を定義しない

プログラミングにおいて毒にも薬にもなるのが「値がない・値を定義しない」場合です。「値がなくなれば終わり」というように利用することもできれば、値がないために実行エラーを起こすこともあります。Go言語では値がなかった場合、定義されなかった場合をどう取り扱っているのか押さえておきましょう。

◎ nilとは

6章のリスト6-13（llist.go）では、「値がない」という意味でnilを用い、「値がnilの場合」をループの終了条件としていました。

● **フィールドの値がnil**

値がない

```
elm := element{newvalue, nil}
省略
for {
    if elm.next == nil {
            break
    }
省略
}
```

値がnilの場合はループを終了する

Go言語では、値がない場合はnilを使用します。他のプログラミング言語を使っている人は、「nullがnilに書き換わっただけか」と思うかもしれませんが、実はGo言語でnilを使う場合は極めて限られています。ほとんどの場合は以下の3通りと考えて問題ありません。

① 値が代入されていない変数のポインタ表現
② 空のスライス
③ error型（7-03参照）

①が先ほどの例に当てはまります。これらの場合にnilが割り当てられているのは、まさにリスト6-13で用いたように「nilであったら」という条件を利用するためです。

◎ フィールドの値を決めないとどうなるか

では、他のデータ型の変数で値を決めないとどうなるか、構造体の定義を使って試してみましょう。サンプルプログラムとしてgoフォルダの下にmysterフォルダを作成し、myster.goという名前をつけて保存してください（リスト7-1）。

リスト 7-1 myster.go

```
001: package main
002:
003: import "fmt"
004:
005: type person struct {
006:     name   string
007:     age    int
008:     smokes bool
009:     friend *person
010: }
011:
012: func main() {
013:     myster := person{}
014:
015:     fmt.Println("name:", myster.name)
016:     fmt.Println("age: ", myster.age)
017:     fmt.Println("smokes: ", myster.smokes)
018:     fmt.Println("friend: ", myster.friend)
019: }
```

構造体person（5～10行目）

フィールドに初期値を設定しない（13行目）

リスト7-1の5～10行目では構造体personを記述しています。これまでは構造体のインスタンスを作成する際、フィールドがあればnilも含めて必ず初期値を作成していました。

● **通常のインスタンスの作り方**

```
someone := person{ "普通人", 30, false, nil}
```

しかし、13行目で作成したインスタンスmysterには何も初期値がありません。「謎の人」です。

インスタンスmysterのフィールドはどうなっているのでしょうか。書き出させてみましょう。このとき、書式もわからないので、Printf関数ではなくPrintln関数を使用しています。Println関数は、リスト7-1の15行目のように引数を複数列記して、順に書き出させることができます。

● **Println関数で値を直接書き出させる**

```
fmt.Println("name:", myster.name)
```

書き出す内容を列記しているだけ

リスト7-1をビルドして実行すると、以下のように出力されます。

● **実行結果**

```
name:
age:  0
smokes:  false
friend:  <nil>
```

この実行結果が示すように、データ型はわかっていても値が定義されていない場合は、自動的に「初期値」が入ります。その規則は以下の通りです。

- **文字列(string)型：空の文字列**
- **数値型：整数、小数など、データ型に応じた0値**
- **bool型：false**

ポインタ表現や空のスライスなども「nilである」という状態ではなく、「初期値としてnilを割り当てる」という規則のもとに割り当てられた値です。

◎ 変数を宣言したままの場合

それでは構造体の場合はどうなっているのでしょうか。これを確認するサンプルプログラムとしてgoフォルダの下にvarsフォルダを作成し、vars.goという名前をつけて保存してください（リスト7-2）。

リスト7-2 vars.go：最初の内容

```
package main

import "fmt"

func main() {
    var something int
    var someone string

    fmt.Println("something:", something)

    if someone == "" {
        fmt.Println("someoneは空の文字列")
    } else {
        fmt.Println("someone:", someone)
    }
}
```

本書で最初に変数の宣言を行ったのはリスト1-2（P.29）でした。varというキーワードを用いて、変数名とデータ型を宣言しますが、リスト1-2では当然のように適切な値を代入しました。また、そのあとに出てくるリストでも省略形を用いて、変数の宣言と値の代入を1つの式で行ってきました。

もし変数を宣言したまま値を代入しなかったらどうなるでしょうか。

● **変数を宣言したまま値を代入しない**

```
var something int
省略
fmt.Println(something, someone)
```

この場合も、宣言した時点で初期値が与えられます。ですから、int型のsomethingには0、string型のsomeoneには、空の文字列が代入されます。リスト7-2をビルドして実行すると、以下のように出力されます。

● **実行結果**

```
something: 0
someoneは空の文字列
```

それでは、構造体の場合はどうでしょうか。リスト7-2に構造体mynumberの定義を追加してみましょう（リスト7-3）。

リスト7-3 vars.go：構造体の定義を追加

```
省略
import "fmt"

type mynumber struct {
    value int
}
省略
```

（005〜007行目：この行を追加）

リスト7-3にvarを用いて変数somenumberを宣言して書き出す行を追加します（リスト7-4）。

リスト7-4 vars.go：構造体の扱いを追加

```
省略
func main() {
    var something int
    var someone string
    var somenumber mynumber
省略
    fmt.Println("somenumber:", somenumber)
```

（012行目・022行目：この行を追加）

リスト7-4を追加後、再度ビルドして実行すると、以下のように出力されます。

● **実行結果**

```
something: 0
someoneは空の文字列
somenumber: {0}
```

（somenumber: {0}：追加された出力結果）

フィールドvalueに初期値0が入った構造体が自動で作成されていました。このことから、構造体に値がない場合はどう扱うかについても心配ないことがわかります。

◎ 配列とスライスで要素を決めない場合

配列とスライスについて要素の初期値を与えないとどうなるか、確かめてみましょう。まずは配列です。リスト7-4の状態からvarを用いて変数somearrを宣言して書き出す行を追加します（リスト7-5）。

リスト7-5 vars.go：配列の宣言と扱い方

```
省略
    var someone string
    var somenumber mynumber
    var somearr [5]int
省略
    fmt.Println("somenumber:", somenumber)
    fmt.Println("somearr:", somearr)
省略
```

この行を追加。整数の要素5つを定義

この行を追加

リスト7-5を追加後、再度ビルドして実行すると、以下のように出力されます。5つの要素にすべて初期値0が与えられた配列が自動で作成されていることがわかります。

● **実行結果**

```
something: 0
someoneは空の文字列
somenumber: {0}
somearr: [0 0 0 0 0]
```

追加された出力結果

次にスライスについてです。リスト7-5からリスト7-6にある追加部分を記述します。

リスト7-6 vars.go：空のスライスの宣言と扱い方

```
省略
    var somearr [5]int
    var somesl []int
省略
    fmt.Println("somearr:", somearr)
    fmt.Println("somesl:", somesl)
省略
```

この行を追加

リスト7-6を追加後、再度ビルドして実行すると、以下のように出力されます。何となくスライスが自動で作成されたことで済みそうですが、最初に述べたように値がnilというのは、この結果からはわかりません。

● **実行結果**

```
something: 0
someoneは空の文字列
somenumber: {0}
somearr: [0 0 0 0 0]
somesl: []
```

追加された出力結果

そこで、配列を与えないスライスにnilが割り当てられていることを確認したいと思います。リスト7-6からリスト7-7のように追加します。

リスト7-7 vars.go：スライスについての記述を追加

```
省略
    fmt.Println("somesl:", somesl)
    if somesl == nil {
        fmt.Println("空のスライスはnil")
    }
省略
```

この行を追加

リスト7-7を追加後、再度ビルドして実行すると、以下のように出力されます。「空のスライスはnil」という出力が追加されたことがわかります。

● **実行結果**

```
something: 0
someoneは空の文字列
somenumber: {0}
somearr: [0 0 0 0 0]
somesl: []
空のスライスはnil
```

追加された出力結果

前述のように、「空のスライスはnil」は与えられた規則であって、エラーとして起きたものではありません。たとえば、フィールドのない構造体は、以下のように、空のスライスに似ていますが、初期値にnilを割り当てるという規則がありません。

● **フィールドのない構造体**

```
省略
type dummy struct{}
省略
var dum dummy
省略
```

main関数内に記述

そのため、dumの値がnilかどうかというコードを書く段階でエラーになります（図7-1）。

図7-1 nilをdummy型には変換できないエラー

```
cannot convert nil to type dummy go
問題を表示　利用できるクイックフィックスはありません
if dum == nil {
    fmt.Println("dumはnil")
} else {
    fmt.Println("dumはnilではない")
}
```

このように、Go言語におけるnilの使用は他のプログラミング言語に比べて限られているため、値がnilであったからといって、実行エラーを起こす懸念もそれほど多くはないでしょう。

SECTION 02

基本的な型変換

Go言語では、文字列と数字から新たな文字列を作り上げることはできない規則です。そこで、「aの値は81」のような文字列を作るには、数値を文字列に変換しますが、それにはstrconvという新たなパッケージを導入しなければなりません。また、本節で整数と小数の型変換もできるようにします。

◎ 整数を文字列に変換するには

数値などの値から文字列を作り上げるには、fmt.Sprintf関数を用います。ちょうど、Printf関数で出力していたような文字列が戻り値となる関数です。

● fmt.Sprintf関数を用いる

```
a := 9 * 9
spf := fmt.Sprintf("9かける9は%d", a)
smt.Println(spf)
```

しかし、「9かける9は」という文字列と、整数であるaを直接結合することは、Go言語では禁じられているため、コンパイルの段階でエラーになります（図7-2）。

図7-2 文字列と整数は結合できないというエラー

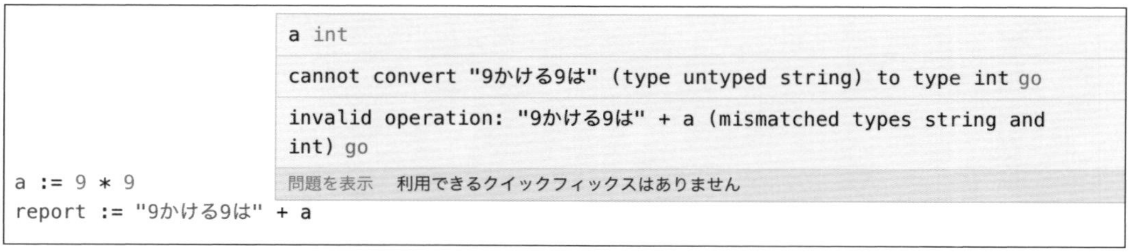

この解決方法は、整数を文字列に変換することです。具体的にはGo言語のstrconvパッケージをインポートします。

● **strconvパッケージのインポート**

```
import (
    "fmt"
    "strconv"
)
```

カンマも何もいらないが改行する

整数を文字列に変換するには、strconv.Itoa関数を使用します（「int」の「i」から、「a（文字）」へという意味と思われます）。

● **strconv.Itoa関数を用いて整数を文字列に変換**

```
astr := "9の2乗も" + strconv.Itoa(a)
fmt.Println(astr)
```

サンプルプログラムとしてgoフォルダの下にtoaフォルダを作成し、toa.goという名前をつけて保存してください（リスト7-8）。

リスト7-8 toa.go：最初の内容

```
package main

import (
    "fmt"
    "strconv"
)

func main() {
    a := 9 * 9
    spfa := fmt.Sprintf("9かける9は%d", 9*9)
    fmt.Println(spfa)

    astr := "9の2乗も" + strconv.Itoa(a)
    fmt.Println(astr)
}
```

リスト7-8をビルドして実行すると、以下のように出力されます。

● **実行結果**

```
9かける9は81
9の2乗も81
```

◎ 小数を文字列に変換するには

小数を含む文字列の作成にもfmt.Sprintf関数が使用できます。これを確認するプログラムとしてリスト7-8からリスト7-9にある追加部分を記述します。

リスト7-9 toa.go：新しい課題

```
省略
014:     fmt.Println(astr)
015:
016:     b := 3.14159
017:     spfb := fmt.Sprintf("円周率はだいたい%.5f", b)
018:     fmt.Println(spfb)
019:
020:     bstr := strconv.FormatFloat(b, 'f', 2, 64)
021:     fmt.Println("もっと大雑把には" + bstr)
022: }
```

（016～021行目：この行を追加）

16～18行目でfmt.Sprintf関数で小数を扱っています。小数を直接文字列に変換するには、strconv.FormatFloat関数を用いますが、Sprintf関数よりむしろ面倒で、桁数や小数の型などを引数として与える必要があります（図7-3）。

図7-3 小数を文字列に変換するstrconv.FormatFloat

```
bstr := strconv.FormatFloat(b , 'f', 2 , 64)
                            ❶    ❷   ❸   ❹
fmt.Println("もっと大雑把には" + bstr)
```

❶ 出力したい数値が代入された変数

❷ 出力書式。小数以下の桁数の大きい小数であれば累乗の書式'e'などを用いる。ここでは、小数第二位なので普通の小数形式として'f'を割り当てている。なお、二重引用符（""）ではなく、単

引用符（"）を使うこと

❸ 小数点以下の桁数をどこまで文字列にするか

❹ float32かfloat64か

リスト7-9を追加後、再度ビルドして実行すると、以下のように出力されます。

● 実行結果

```
9かける9は81
9の2乗も81
円周率はだいたい3.14159
もっと大雑把には3.14
```

追加された出力結果

◎ 整数と小数を相互に変換

Go言語では、違う型同士は厳しく区別されます。図7-2で見たように、文字列と整数は結合できませんし、整数と小数の計算もできません。サンプルプログラムとしてgoフォルダの下にintfloフォルダを作成し、intflo.goという名前をつけて保存してください（リスト7-10）。

リスト7-10 intflo.go：最初の内容

```
package main

import "fmt"

func main() {
    a := 5 * 2.5
    fmt.Println(a)
}
```

リスト7-10をビルドして実行すると、以下のようにエラーなく無事出力されます。

● 実行結果

```
12.5
```

しかし、リスト7-10にリスト7-11を追加してビルド・実行しようとすると、エラーメッセージが出力されます（図7-4）。

リスト7-11 intflo.go：新しい課題

省略

```
    fmt.Println(a)

    b := 6
    c := b + 0.2
    fmt.Println(c)
}
```

この行を追加（009〜011行目）

図7-4 エラーメッセージ(Visual Studio Code)

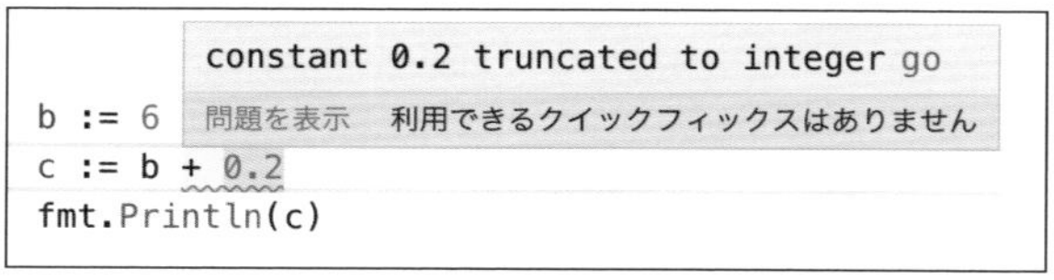

図7-4のエラー内容は「定数0.2を整数にするために切り捨てることはできない」という意味ですが、要するに整数と小数を混ぜて計算するとエラーになるのです。

それでは、なぜその上のリスト7-10は問題なく実行できたのでしょうか。変数aには、「5*2.5」という演算で小数になったものがaに代入されているので、この時点でデータ型は「小数」になっていたからです。

一方、リスト7-11で追加した変数bは、整数「6」が代入された時点ではデータ型が整数になっており、そのあとの計算に小数を混ぜたためエラーになったのです。

ここで重要な点は「とにかく整数と小数は、まぜないこと」です。これを解決する方法は、リスト7-11で追加した部分をリスト7-12のように書き換えて、整数をfloat64型に変換します。このとき特に新規パッケージは必要がありません。

リスト7-12 intflo.go：整数を小数に変換する方法を追加

省略

```
    fmt.Println(a)

    b := 6
    c := float64(b) + 0.2
    fmt.Println(c)
}
```

この部分を変更（009〜011行目）

リスト7-12を変更後、再度ビルドして実行すると、以下のように無事出力されました。

● **実行結果**

```
12.5
6.2
```

追加された出力結果

◎ 変数の値のデータ型を確認する

Go言語では文字列・整数・小数などのデータ型を混合できないことがわかりました。一方、Go言語では変数のデータ型を確認する方法があまりありません。もっとも簡単な方法は、Printf関数で、書式を「%T（Tはtype、型の意味）」にして出力することです（リスト7-13）。

リスト7-13 intflo.go：データ型の確認法

省略

```
    fmt.Println(c)

    fmt.Printf("aのデータ型は%T¥n", a)
    fmt.Printf("bのデータ型は%T¥n", b)
    fmt.Printf("cのデータ型は%T¥n", c)
}
```

この行を追加

リスト7-13を追加後、再度ビルドして実行すると、以下のようにデータ型が出力されることが確認できます。

● **実行結果**

```
12.5
6.2
aのデータ型はfloat64
bのデータ型はint
cのデータ型はfloat64
```

追加された出力結果

SECTION 03

エラーの扱い

「コンパイルエラーは出ないが実行時にエラーが出る」ことはよくありますが、最近のプログラミング言語は実行エラーが出そうな場合に対処するためのコードの書き方を備えています。Go言語のエラー処理は、自分で書くというよりは、導入したパッケージの関数に含まれているエラー処理法をどのように自分のプログラムで利用するかのほうが問題になります。

◎ 結果とエラーインスタンスをともに戻す関数

エラー処理を含む関数として有名なのが、strconvパッケージにあるAtoi関数です。この関数は「ASCII to Integer」を意味し、たとえば"12"という文字列を数値の12に変換します。

しかし、世の中に無限に存在するといってよい文字列の中で、整数になるものといえば、0から9までの数字の組み合わせしかありません。それにも関わらず、なぜこのような関数が存在するかというと、たとえば、Webフォームから数値を送っても、サーバーには文字列として届くなどの事態が想定されるためです。

一般的にAtoi関数は、以下のように使用されます。

● **Atoi関数の使い方**

```
nm, err := strconv.Atoi("123")
```

Atoi関数は戻り値を2つ返しますので、上記例では変数nm、変数errの2つで受け取ります。nmは変換した結果の整数です。errはerror型というデータ型のインスタンス（のアドレス）で、正常に実行されればnilが与えられます（以降errorと呼びます）。

一方、エラーであれば、nmには0が代入されます。ただしerrの値については、「nilであるかどうか」をブーリアン値で書き出すことにします。これを確認するサンプルプログラムとしてgoフォルダの下にatiフォルダを作成し、ati.goという名前をつけて保存してください（リスト7-14）。

リスト7-14 ati.go：最初の内容

```
package main

import (
    "fmt"
    "strconv"
)

func main() {
    nm, err := strconv.Atoi("123")
    fmt.Println(nm, err == nil)

    nm, err = strconv.Atoi("ゴー")
    fmt.Println(nm, err == nil)
}
```

リスト7-14をビルドして実行すると、以下のように出力されます。

● **実行結果**

err は nil

```
123 true
0 false
```

nm に0が代入された

err は nil でない

◎ Atoiが返すerror型インスタンス

Atoi関数が結果とともにerrorを返すのは、errorがnilでなかったら、適切な処理をするためです。どのような処理が適切なのでしょうか。

もっとも簡単なのは、エラーの内容を表示させることです。Atoi関数が返すerrorでは、Errorメソッドによりこのの Atoi関数の処理に特化したエラーのメッセージを表示できます。そこで、plusone関数を追加して確認してみましょう（リスト7-15）。

リスト7-15 **ati.go：エラー処理の記述を追加**

```
001:  package main
002:
003:  import (
004:      "fmt"
005:      "strconv"
006:  )
007:
008:  func plusone(nmstr string) (int, string) {
009:      res := ": "
010:      nm, err := strconv.Atoi(nmstr)
011:      if err != nil {
012:          res += err.Error()
013:      } else {
014:          nm++
015:          res += "おめでとうございます、" + nmstr
016:          res += "に1が加算されました"
017:      }
018:      return nm, res
019:  }
020:
021:  func main() {
022:      nm, err := strconv.Atoi("123")
023:      fmt.Println(nm, err == nil)
024:
025:      nm, err = strconv.Atoi("ゴー")
026:      fmt.Println(nm, err == nil)
027:
028:      nm, res := plusone("53")
029:      fmt.Println(nm, res)
030:
031:      nm, res = plusone("What")
032:      fmt.Println(nm, res)
033:  }
```

この行を追加

この行を追加

リスト7-15の8～19行目が追加したplusone関数です。8行目では戻り値のデータ型がint型とstring型の2つであることがわかります。

エラーが出るときには、error.Error()の内容を加えた文字列を戻し（12行目）、エラーが出ない場合は「おめでとうございます」というメッセージを戻します（15行目）。文字列を保持する変数resの初期値が「：」になっているのは、見やすく記述するための便宜上の工夫です。main関数ではplusone関数を実行する記述を追加しています（28～32行目）。

リスト7-15に変更後、再度ビルドして実行すると、以下のように出力されます。

● **実行結果**

```
123 true
0 false
54 : おめでとうございます、53に1が加算されました
0 : strconv.Atoi: parsing "What": invalid syntax
```

追加された出力結果

Error()の戻り値であるメッセージ

リスト7-15の31行目でAtoi関数に"What"という文字列を渡したとき、errorインスタンスのError()の戻り値が表示されています。その内容は「strconv.Atoi: parsing "What": invalid syntax」(「What」を解析したら、文法が不正でした)となっています。またエラーメッセージの発信元がstrconv.Atoiであることもわかります。

このように、Go言語に備わったパッケージの関数の中には、処理結果とerrorを返すというものが多くあります。8章でよく使いますので、使い方をたくさん学んでおきましょう。

◎ errorの正体は「インターフェイス」

errorはGo言語に標準で実装されているデータ型であり、新たにパッケージを導入する必要はありません。実はその正体はerrorインターフェイスです。Go言語の標準ライブラリの中で、以下のように定義されています。

● **インターフェイスerrorの定義(標準ライブラリ中に定義済)**

```
type error interface {
    Error() string
}
```

Atoi関数では、このerrorのErrorメソッドの中身を実装し、実行例7-11のようなメッセージを出すように定義しているのです。深く立ち入るのはやめますが、少しだけErrorメソッドの実装を実感してみましょう。サンプルプログラムとしてgoフォルダの下にmyerrorフォルダを作成し、myerror.goという名前をつけて保存してください(リスト7-16)。

リスト7-16 **myerror.go**

```
001: package main
002:
003: import "fmt"
004:
005: type myerror struct {
006:     msg string
007: }
008:
009: func (e *myerror) Error() string {
010:     return e.msg
011: }
012:
013: func read(word string) (string, error) {
014:     if len(word) > 0 {
015:         return word + "...と言いましたね", nil
016:     }
017:     return "", &myerror{"読み取れませんでした"}
018: }
019:
020: func main() {
021:     words := []string{"Hey", "", "ゲ"}
022:
023:     for i := 0; i < len(words); i++ {
024:         result, err := read(words[i])
025:         if err != nil {
026:             fmt.Println(err.Error())
027:         } else {
028:             fmt.Println(result)
029:         }
030:     }
031: }
```

ポインタ表現にしておく
myerrorではなく標準のerror
文字列の長さも関数lenで求められる
エラーの戻り値
myerrorインスタンスをここで作成
文字列の戻り値
空の文字列でエラーを出してみる
関数readの戻り値を受け取る

インターフェイスを実装するために、まず、リスト7-16の5～7行目のように、任意のフィールドを持つ（または持たない）構造体を作成します。

次にこの構造体のメソッドとしてErrorメソッドを実装します（9～11行目）。レシーバはポインタ表現にしておきます。これは他の関数で&myerrorを扱えるようにするためです。

最後に何か結果と構造体myerrorのアドレスを返す関数を作成します（13～18行目）。13行目で、作成するread関数の「シグネチャ（引数名や戻り値のデータ型）」に注目してください。引数には文字列を渡します。戻り値のデータ型が重要です。結果は文字列として返しますが、エラーとして戻すのはmyerrorではなく標準のerror型です。

read関数の中では、引数に渡した文字列が空でない（長さが0より大きい）のであれば、文字列を適当に加工して戻します。一方、エラーとしてはnilを戻します。それ以外のときは、文字列は明示的に「空の文字列」を戻し、エラーのほうに新しいmyerrorインスタンスを作成して、そのアドレスを戻します。

リスト7-16をビルドして実行すると、以下のように空の文字列を読み込んだときはエラー処理が実行されます。

● **実行結果**

```
Hey...と言いましたね
読み取れませんでした
ゲ...と言いましたね
```

SECTION 04

高度なデータ型

本節の最後に、高度なデータ型をいくつか紹介します。無理に使う必要はありませんが、知っておくと、他の人が書いたプログラムを理解しやすくなるでしょう。もちろん、自身のプログラムもより便利なものが書けるようになるかもしれません。

◎ 整数の細かいデータ型

整数のデータ型には、これまで使ってきたint（64ビットシステムではint64の別名）の他、以下の型がGo言語の標準として使えるようになっています。

- **int8、int16、int32**
  現在でも多く使われている32ビットシステム用のint32の他、int16、int8などは、扱う数値範囲が小さいことが判明していてメモリを無駄に使いたくないとき、あえて使うことがある
- **uint8、uint16、uint32、uint64**
  「u」は「unsigned（符号なし）」の意味で、扱う値が負でないことが判明し、なるべくメモリを割り当てたいときに使用する。「uint」と書くと、64ビットシステムではuint64が割り当てられる
- **uintptr**
  ポインタのビット表現を保持する

◎ 複素数

Go言語では複素数も表現できます。データ型は64ビットシステムではcomplex128、32ビットシステムではcomplex64となります。サンプルプログラムとしてgoフォルダの下にcmplxフォルダを作成し、cmplx.goという名前をつけて保存してください（リスト7-17）。

リスト7-17 cmplx.go

```
package main

import "fmt"

func main() {
    cmp := complex128(1 + 2i)
    fmt.Println(cmp * cmp)
}
```

リスト7-17をビルドして実行すると、以下のように出力されます。関心のある方は、他にいろいろ計算してみてください。

● **実行結果**

```
(-3+4i)
```

◎ 文字列の解析

Go言語では、文字列を数値データに変換して解析できます。AIの言語処理などでは、文字列を数値化するととても便利です。数値データは、ラテン文字や1バイト系と呼ばれる英数字と、2バイト系（現在は3バイトや4バイトのものもある）と呼ばれる日本語のような文字とで扱いが異なります。ただし、基本はUTF-8の文字コードが前提です。

サンプルプログラムとしてgoフォルダの下にbyteruneフォルダを作成し、byterune.goという名前をつけて保存してください（リスト7-18）。

リスト7-18　byterune.go：最初の内容

```
001:  package main
002:
003:  import (
004:      "fmt"
005:  )
006:
007:  func main() {
008:      str := "internationalzation"
009:      strja := "達磨さんが転んだ"
010:
011:      bt := []byte(str)
012:      fmt.Println(bt)
013:
014:      rn := []rune(strja)
015:      fmt.Println(rn)
016:  }
```

英数字などの文字は、byteというデータ型の配列に変換（スライスbtに代入）します（リスト7-18の8行目、11～12行目）。データ型byteは先ほど紹介した「uint8」の別名です。「8ビットが1バイトで、英数字は1バイト系」という数え方を踏襲しています。

一方、日本語などの文字は、rune型というデータ型で「int32」の別名です。runeとは古代のルーン文字が由来でラテン文字に対する概念に遊び心が加わっての命名だと思います。日本語の場合はrune型の配列に変換（スライスrnに代入）します（リスト7-18の9行目、14～15行目）。

リスト7-18をビルドして実行すると、以下のように数値データの配列が得られます。

● **実行結果**

```
[105 110 116 101 114 110 97 116 105 111 110 97 108 122 97 116 105 111 110]
[36948 30952 12373 12435 12364 36578 12435 12384]
```

この数値の配列から再び文字列に戻すことができれば、問題なく文字列処理が行えることになります。そこで、リスト7-18にコードを追加して、それぞれの要素を1文字の文字列に直してみましょう（リスト7-19）。

リスト 7-19 **byterune.go：数値から日本語に戻す作業**

省略

```
    fmt.Println(rn)

    strback := ""
    for i := 0; i < len(bt); i++ {
        strback += string(bt[i])
    }

    strbackja := ""
    for i := 0; i < len(rn); i++ {
        strbackja += string(rn[i])
    }

    fmt.Println(strback)
    fmt.Println(strbackja)
}
```

この行を追加

追加後に再度ビルドして実行すると、以下のように文字列の出力が得られることが確認できます。

● **実行結果**

```
[105 110 116 101 114 110 97 116 105 111 110 97 108 122 97 116 105 111 110]
[36948 30952 12373 12435 12364 36578 12435 12384]
internationalzation
達磨さんが転んだ
```

追加された出力結果

◎ map と range

mapとは、識別値である「キー」と値の1対1対応の集合です。この働きを確認するサンプルプログラムとしてgoフォルダの下にmymapフォルダを作成し、mymap.goという名前をつけて保存してください（リスト7-20）。

リスト7-20 mymap.go：最初の内容

```
001: package main
002:
003: import "fmt"
004:
005: func main() {
006:     legs := map[string]int{
007:         "bird":        2,
008:         "cat":         4,
009:         "grasshopper": 6,
010:         "octopus":     8,
011:         "squid":       10,
012:     }
013:
014:     for k, v := range legs {
015:         fmt.Printf("A %s has %d legs¥n", k, v)
016:     }
017: }
```

キーのデータ型

値のデータ型

改行しているためカンマ

波カッコ

リスト7-20の6～12行目は典型的なmapの構造です。キーを動物名、値を足の数にしています。mapのデータ型は、「map[キー]値」のようにそれぞれ宣言します。キーと値の間はコロン「:」で区切ります。mapはキーと値の集合体なので、配列と同様波括弧で囲み、カンマで列記します。

このmapの要素を順に取り出すにはrangeというキーワードで繰り返し処理を行います。rangeによる繰り返しでは、一対の変数にキーと値をそれぞれ受け取ります。6～12行目のmap構造に対しては、14～16行目のように書き出します。

リスト7-20をビルドして実行すると、以下のようにmapの中身を書き出すことができます。

● **実行結果**

```
A bird has 2 legs
A cat has 4 legs
A grasshopper has 6 legs
A octopus has 8 legs
A squid has 10 legs
```

また、空のmapに要素を追加していくこともできます。これを確認するためにリスト7-20に記述を追加してリスト7-21のように変更します。

リスト7-21 mymap.go：構造体を値に用いたマップも記述

```
001: package main
002:
003: import "fmt"
004:
005: type guest struct {
006:     name string
007:     age  int
008:     job  string
009: }
010:
011: func (g guest) present() string {
012:     return fmt.Sprintf("%sさん、%d歳、職業：%s", g.name, g.age, g.job)
013: }
014:
015: func main() {
016:     legs := map[string]int{
017:         "bird":        2,
018:         "cat":         4,
019:         "grasshopper": 6,
020:         "octopus":     8,
021:         "squid":       10,
022:     }
023:
024:     for k, v := range legs {
025:         fmt.Printf("A %s has %d legs¥n", k, v)
026:     }
027:
028:     rooms := make(map[int]guest)
029:     rooms[101] = guest{"山田", 29, "会社員"}
030:     rooms[208] = guest{"川崎", 21, "学生"}
031:     rooms[312] = guest{"高橋", 45, "公務員"}
032:
033:     for k, v := range rooms {
034:         fmt.Printf("%d号室: ", k)
035:         fmt.Println(v.present())
036:     }
037: }
```

（005～013行目）この行を追加

（028～036行目）この行を追加

（034行目）キーを書き出して改行しない

（035行目）値にpresentメソッドを用いる

新たに作成するmapでは、構造体を使って値のデータ型にしています（リスト7-21の5～9行目）。

空のmapの作成にはmake関数を用います（28行目）。今回のmapではキーが整数、値が構造体guestです。変数roomsに作成した空のmapを代入します。このmapには配列と同じように、[]内にキーを指定しながら値を追加します。29～31行目では、その都度、構造体インスタンスを作成して、値に追加しています。

作成したmapの要素を取り出してみましょう。要素の値については、11行目で定義したメソッドpresentを用います（35行目）。

リスト7-21に変更後、再度ビルドして実行すると、以下のように出力されます（順番は違ってもかまいません）。

● **実行結果**

```
A bird has 2 legs
A cat has 4 legs
A grasshopper has 6 legs
A octopus has 8 legs
A squid has 10 legs
208号室: 川崎さん、21歳、職業：学生
312号室: 高橋さん、45歳、職業：公務員
101号室: 山田さん、29歳、職業：会社員
```

追加された出力結果

本章では、Go言語の基本的なデータ型と文法を学んできました。他にも高度な書き方がありますが、それは本書を一通り学んでから挑戦してみてください。8章では、他のプログラミング言語に対してどのようなときにGo言語を選ぶとよいのか、そのGo言語らしい書き方を紹介します。

CHAPTER

8

Go言語の魅力を体験するプログラム

これまでGo言語のプログラムを書くために必要となる文法について解説してきました。本章では、いろいろなライブラリを活用したサンプルプログラムを作って、アプリケーションの作り方の基礎を学んでいきます。

SECTION 01

入出力

多くのプログラミングでは、データははじめからプログラムに書かれておらず、何らかの形で外部から与えられます。これが「入力」です。一方、計算によって出された結果をどこに表示するかが「出力」です。本章では、入出力を扱うGoプログラムを書いてみましょう。

◎ キーボードからの入力

私たちにとって一番身近な入力手段といえばキーボードからの入力です。ここでは、キーボードから好きな値を入力すると、それを受け取って答えを返してくれるプログラムを作成してみましょう。goフォルダの下にscanフォルダを作成し、scan.goという名前をつけて保存してください（リスト8-1）。

リスト8-1 **scan.go**

```
package main

import "fmt"

func main() {
    var input string
    for {
        fmt.Print("何か入力してください。'q'で終了: ")
        fmt.Scanln(&input)

        if input == "q" {
            break
        }
        fmt.Println(input, "が入力されました")
    }
    fmt.Println("お疲れ様でした")
}
```

無限ループ

リスト8-1で、キー入力の値を受け取るのは、fmtパッケージのScanlnという関数です。Scanlnという関数名のうち「Scan」は、「OSで定められた標準入力を受け取る」ことを示す名前です。ほとんどのOSでは、標準入力はキー入力と定められています。

そのあとの「ln」は「改行キーが押されるまで読み込む」という意味です。関数Scanlnの引数に注意してください。8行目の変数名inputで呼び出す保存場所を直接指定する「&」がついています。この引数は、キー入力から受け取ったデータの保存先です。

リスト8-1をビルドして実行すると、ターミナルには以下のように表示され、カーソルが点滅して入力を促します。

● **実行結果**

```
何か入力してください。'q'で終了:
```

たとえば「ゴー」と入力して Enter を押すと、「ゴーが入力されました」という応答が表示され、再び「何か入力してください。'q' で終了:」が表示されます。

● **実行結果**

```
何か入力してください。'q'で終了:ゴー ── Enter を押した
ゴー が入力されました
何か入力してください。'q'で終了:
```

英数字や日本語をいろいろ入力してみてください。終了するときは q を入力して Enter を押すと、プログラムは終了します。

● **実行結果**

```
何か入力してください。'q'で終了:q
お疲れ様でした
```

◎ ファイルからの入力

データ量が多くなれば、キーから入力するよりもファイルから読み込んだほうが便利です。ファイルの読み込みには、ioutilパッケージにあるReadFile関数を用います。なお、ioutilパッケージはioという大きなパッケージの下部にあるので、io/ioutilと書きます。基本的な書き方は以下の通りです。

● **ioutil.Readfile関数を用いた基本的な書き方**

```
import "io/ioutil"
省略
content, err := ioutil.ReadFile("data.txt")
```

上記例では、このプログラムと同じフォルダ内にあるdata.txtの内容を読み込むように記述しています。ReadFile関数の出力は、「ファイルの内容」と「読み込みに失敗したときのエラーメッセージ」の2つです。ファイルの内容を変数content、エラーメッセージを変数errに読み込んでいます。読み込みに成功すれば、errの値はnilです。

goフォルダの下にreadfileフォルダを作成し、読み込み用ファイルdata.txt（リスト8-2）とGoプログラムreadfile.go（リスト8-3）を作成して保存してください。

リスト8-2 data.txt

```
品物　価格（円）
鉛筆，50
鉛筆ダース，500
消しゴム，120
ノート，140
ノート5冊セット，600
```

改行キーは「LF」で保存してください。改行キーについて詳しくない方は、本書サンプルファイルを利用してください。

リスト8-3 readfile.go

```
package main

import (
    "fmt"
    "io/ioutil"
    "strings"
    "os"
)

func main() {
    content, err := ioutil.ReadFile("data.txt")
    if err != nil {
        fmt.Println("ファイルの読み込みエラー", err)
        os.Exit(1)
    } else {
        cstr := string(content)
        lows := strings.Split(cstr, "¥n")
        for i, v := range lows {
            if i > 0 && len(v) > 1 {
                data := strings.Split(v, ",")
                fmt.Printf("%sは%s円¥n", data[0], data[1])
            }
        }
    }
}
```

- `if err != nil {` ― エラーがあったら
- `os.Exit(1)` ― プログラムを強制終了
- `cstr := string(content)` ― 変換
- `lows := strings.Split(cstr, "¥n")` ― あとはカンマ区切りの文字列を処理

リスト8-3をビルドして実行すると、以下のように出力されます。

● **実行結果**

```
鉛筆は 50円
鉛筆ダースは 500円
消しゴムは 120円
ノートは 140円
ノート5冊セットは 600円
```

エラーが出た場合も確かめておきましょう。最も簡単な例は指定したファイルがない場合です。プログラムは変更せず、data.txtの名前をdatat.txtなどに変更して実行すると、以下のように出力されます。

● **実行結果**

```
ファイルの読み込みエラー open data.txt: no such file or directory
```

◎ ファイルへの出力

私たちにとっての身近な出力手段といえば、これまで使用してきたコマンドプロンプトやPowerShellなどのターミナルと、ファイルへの書き込みがあります。ファイルからの読み込みにioutil.ReadFile関数を用いたのと同様に、ファイルへの書き込みにはioutil.WriteFile関数を用います。

● **ファイルの書き込み**

戻り値は1つだけ　書き込み先ファイル名

```
err := ioutil.WriteFile("datafile.txt", wdata, 0777)
```

アクセス権　書き込むデータ

WriteFile関数の3番目の引数はアクセス権です。「0644」であれば読み取り専用を意味します。アクセス権に制限をかけるとあとの処理が面倒になりますので、上記例ではすべて実行可能の「0777」にしています。

goフォルダの下にwritefileフォルダを作成し、writefile.goという名前をつけて保存してください（リスト8-4）。このプログラムはsを押すと、それまで打ち込んだ内容をdatafile.txtというファイルに保存します。

リスト8-4 **writefile.go**

```
package main
import (
    "fmt"
    "io/ioutil"
    "os"
)

func main() {
    var input string
    var content string
    for {
        fmt.Print("何か入力してください。's'で保存: ")
        fmt.Scanln(&input)

        if input == "s" {
            break
        }
        content += input
    }

    wdata := []byte(content)
    err := ioutil.WriteFile("datafile.txt", wdata, 0777)
    if err != nil {
        fmt.Println("書き込みエラーです", err)
        os.Exit(1)
    }else {
        fmt.Println(content)
        fmt.Println("以上、ファイルに保存しました")
    }
}
```

sでループ終了

打ち込んだ内容を1つの文字列にする

変換が必要!

ターミナル上で内容を確認

リスト8-4をビルドして実行し、以下のように入力したとします。

● **実行結果**

```
何か入力してください。's'で保存: 赤
何か入力してください。's'で保存: 青
何か入力してください。's'で保存: 黄
何か入力してください。's'で保存: 白
何か入力してください。's'で保存: 黒
何か入力してください。's'で保存:
```

sを押す

ターミナルには入力した文字が表示され、writefileフォルダにはdatafile.txtが生成されています。このファイルの中身を確認すると、入力した内容が書き込まれています。

SECTION 02

画像を処理する

これまでのプログラムでは、PowerShellなどのターミナル画面上で文字のやりとりだけを行っていました。Go言語には画像を読み込んで分析したり、画像を作成して書き出すライブラリなどもあります。ここではこれらのライブラリを使って、簡単な画像読み書きのプログラムを作ってみましょう。

◎ 画像の読み込み

最近では、AI技術を活用した画像分析などが盛んになっています。Go言語でもこれらのことを行うためのライブラリが用意されています。ここでは簡単な画像分析プログラムとして、グレースケールの画像を読み込み、アスキーアートを作成してみましょう。プログラムの手続きは以下の通りです。

① **ファイルからPNG画像を読み込む**
② **PNGフォーマットをデコードして情報を取り出す**
③ **画素1つ1つについて、グレー情報を数値（0なら黒、255なら白）で取得する**
④ **グレー情報の数値を3段階に分けて、各画素を文字「*」「+」「-」のいずれかに変換する**

goフォルダの下にasciiartフォルダを作成し、asciiart.goという名前をつけて保存してください（リスト8-5）。同じフォルダには読み込む画像としてwow.png（図8-1）を配置します。

図8-1　**wow.png**

リスト8-5 **asciiart.go**

```
package main

import (
    "fmt"
    "image"
    "image/color"
    _ "image/png"
    "io/ioutil"
    "os"
)

func main() {

    reader, ferr := os.Open("wow.png")
    if ferr != nil {
        fmt.Println("ファイルの読み込みエラーです", ferr)
        os.Exit(1)
    }

    img, name, derr := image.Decode(reader)
    if derr != nil {
        fmt.Println("画像の変換エラーです", derr)
        os.Exit(1)
    } else {
        fmt.Println(name, "形式のデータを得ました")
    }

    defer reader.Close()

    marks := []string{"*", "+", "-"}
    var marksStr string

    for y := img.Bounds().Min.Y; y < img.Bounds().Max.Y; y++ {
        for x := img.Bounds().Min.X; x < img.Bounds().Max.X; x++ {
            c := color.GrayModel.Convert(img.At(x, y)).(color.Gray)
            grayness := c.Y / (255 / 3)
            if c.Y == 255 {
                grayness = 2
            }
            marksStr += marks[grayness]
        }
        marksStr += "¥n"
    }
```

暗黙のインポート

画像ファイルの読み込み

io.Readerの実装型

画像ファイルの読み込み

プログラム終了時にファイルを閉じておく

画像ファイルの上から下、左から右まで

255を3で割る

255のとき最大値「3」を取るので

左から右に読み終えるごとに改行記号を付加

```
044:     wdata := []byte(marksStr)
045:     werr := ioutil.WriteFile("ascii_art.txt", wdata, 0777)
046:     if werr != nil {
047:         fmt.Println("ファイルの書き込みエラーです", werr)
048:         os.Exit(1)
049:     } else {
050:         fmt.Println("ファイルを保存しました")
051:     }
052: }
```

文字列をファイルに書き込む（045～051行目）

画像ファイルの読み込みには、os.Open関数（リスト8-5の14行目）を用います。第1の戻り値はファイルの内容ですが、io.Readerというインターフェイスを実装したデータ型を持つので、それを意識した変数名readerを与えています。

ファイルの内容をデコードしてimage.Image型の画像データを得ます。image.Decode関数の第2の戻り値は、ファイルの形式を示す文字列（ここでは「"png"」）です。

リスト8-5の7行目では、image/pngパッケージをインポートしています。これはプログラムで明示的に使用しませんが、image.Decode関数がPNG形式を認識するのに必要ですので、「暗黙のインポート」とでもいうべき記号「_」をつけておきます。

リスト8-5をビルドして実行すると、以下のように表示されます。

● **実行結果**

```
png形式のデータを得ました
ファイルを保存しました
```

また、実行後にascii_art.txtというファイルが作成されています。これをテキストエディタで開いただけでは意味不明な文字の羅列です（図8-2）。

図8-2 text.png テキストエディタで開いただけではわからない

しかし、フォントサイズを小さくすると全体が見えてきて、かえるを表したアスキーアートであることがわかります。図8-3はフォントを1ptにまで落としたものです。

図8-3 font.pngフォントを1ptにまで落とした

◎ 画像の作成と書き込み

ここでは画像を作成するプログラムを作ってみましょう。goフォルダの下にdrawフォルダを作成し、draw.goという名前をつけて保存してください（リスト8-6）。

リスト8-6 draw.go

```
package main

import (
    "fmt"
    "image"
    "image/color"
    "image/png"
    "os"
)

func inrange(x, a, b int) bool {
    if a < b && a <= x && x < b {
        return true
    }
    return false
}

```

```
func main() {

    const width = 350
    const height = 350
    const celllen = 50

    img := image.NewNRGBA(image.Rect(0, 0, width, height))

    cells := [7][7]int{
        {0, 1, 0, 1, 0, 1, 0},
        {0, 1, 1, 1, 1, 1, 0},
        {0, 1, 1, 1, 1, 1, 0},
        {0, 0, 1, 1, 1, 0, 0},
        {0, 0, 0, 2, 0, 0, 0},
        {0, 2, 0, 2, 0, 2, 0},
        {0, 0, 2, 2, 2, 0, 0},
    }
    colors := [3]color.RGBA{
        color.RGBA{0xff, 0xff, 0xff, 0xff},
        color.RGBA{0xff, 0, 0, 0xff},
        color.RGBA{0, 0xff, 0, 0xff},
    }

    for y := 0; y < height; y++ {
        for x := 0; x < width; x++ {
            for ny := 0; ny < 7; ny++ {
                for nx := 0; nx < 7; nx++ {
                    if inrange(x, nx*celllen, (nx+1)*celllen) &&
                        inrange(y, ny*celllen, (ny+1)*celllen) {
                        img.Set(x, y, colors[cells[ny][nx]])
                    }
                }
            }
        }
    }

    f, ferr := os.Create("flower.png")
    if ferr != nil {
        fmt.Println("ファイル作成のエラー：", ferr)
        os.Exit(1)
    }

```

画像を50x50ピクセル（7×7個）に分割

RGBAカラーの図

各セルにcolorsの要素の色を割り当てる

縦横それぞれ7つに分割

たとえば「1*50≦x＜2*50」かつ「2*50≦y＜3*50」ならば、色はcolors[cells [1][2]]、つまりcolors[1]

```
        derr := png.Encode(f, img)          ここで書き込んでいる

        if derr != nil {                    どちらにしても失敗だから乱暴に閉じる
            f.Close()
            fmt.Println("データ変換のエラー：", derr)
            os.Exit(1)
        }

        ferr = f.Close()                    円満に終了したい
        if ferr != nil {
            fmt.Println("ファイル終了のエラー：", ferr)
            os.Exit(1)
        }
    }
```

リスト8-6は、複雑なことを行っているように見えますが、図8-4の分類を地道に繰り返しているだけです。

図8-4 画像をセルに分割し色を指定

0 50 100 150 200 250 300 350

50	0	1	0	1	0	1	0
100	0	1	1	1	1	1	0
150	0	1	1	1	1	1	0
200	0	0	1	1	1	0	0
250	0	0	0	2	0	0	0
300	0	2	0	2	0	2	0
350	0	0	2	2	2	0	0

図8-5 flower.png

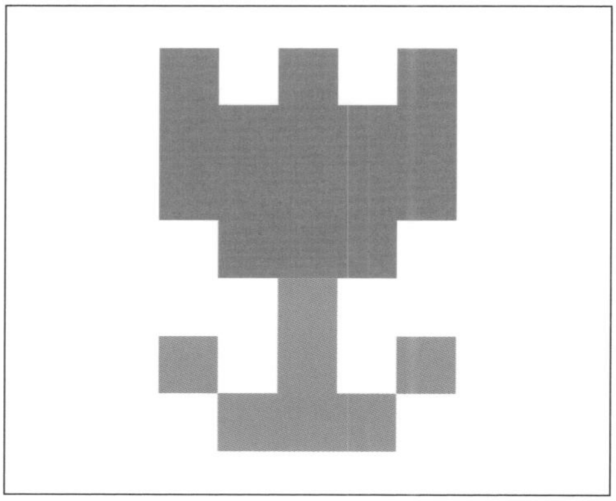

SECTION 03

並列処理

並列処理という考え方には2つあります。1つは高速で大量の計算が必要なとき、もう1つはネットワーク越しのダウンロードや、認証などに時間がかかっている間も他の操作を進めたいときです。いずれも現代のコンピューターに求められる性能といえます。Go言語では簡単な並列処理であれば、標準のライブラリをそのまま使って記述できます。

◎ goroutine（ゴルーチン）

goroutine（ゴルーチン）は、関数の実行時に「go」をつけることで、1つのスレッドとなる記法です。この動作を確認するプログラムとして、goフォルダの下にanimalsフォルダを作成し、animals.goという名前をつけて保存してください（リスト8-7）。

リスト8-7 animals.go：最初の内容

```
package main

import (
    "fmt"
    "time"
)

func count(name string, tlen int) {
    for i := 0; i < 5; i++ {
        time.Sleep(time.Duration(tlen) * time.Millisecond)
        fmt.Printf("%sが%d匹¥n", name, i+1)
    }
}

func main() {
    go count("カエル", 200)
    go count("アヒル", 100)
}
```

リスト8-7は、200ミリ秒ごとにカエル、100ミリ秒ごとにアヒルを数えるスレッドを並行させるプログラムですが、ビルド・実行しても何も出力されません。

リスト8-7の15～18行目のmain関数を見てください。main関数の中で、count関数の前にgoをつけて呼び出しているのが2つのgoroutineですが、これらを呼び出しているのはmain関数です。

goroutineは自分を呼び出したmain関数と並行で実行できますが、自分の終了まで呼び出し元を待たせておくことはできません（できるとしたら、goroutineがフリーズ・暴走したとき。しかしプログラム全体がフリーズ・暴走してしまいます）。main関数は2つのgoroutineを呼び出したあとすぐに終了してしまうので、結局goroutineも終了させられてしまうのです。

2つのgoroutineが終了するまで生かしておく最も簡単な方法は、優雅とはいえませんが、main関数にしばらく寝ていてもらうことです。ここではその時間を3秒に設定しておきます。これを実装するためにリスト8-8のように記述を追加します。

リスト8-8 animals.go：main関数に追記

```
省略
015: func main() {
016:     go count("カエル", 200)
017:     go count("アヒル", 100)
018:     time.Sleep(3000 * time.Millisecond)
019: }
省略
```

この行を追加（018行目）

記述追加後に再度ビルドして実行すると、以下のように表示されます。すべて表示されてから少しの沈黙があったのち、ターミナルに再びプロンプトが現れ入力可能になります。

● **実行結果**

```
アヒルが1匹
カエルが1匹
アヒルが2匹
アヒルが3匹
カエルが2匹
アヒルが4匹
アヒルが5匹
カエルが3匹
カエルが4匹
カエルが5匹
```

◎ チャンネル

しかし、リスト8-8はmain関数を「適当な時間だけ寝かせておく」変なプログラムです。そこで用意されているのがチャンネルと呼ばれるデータ型です。データ型の名前は「chan」となります。これは厳密にいうと、Go言語の処理系で行う並列処理を「データ型」に見立てたものです。チャンネルの基本的な使い方は以下の通りです。

● **チャンネルの基本的な使い方**

```
c := make(chan int)
c <-1          チャンネルに数値1を送る
r := <-c       チャンネルから値を受け取る(1が代入される)
```

チャンネルは、自らの流れを管理してくれます。送られた値の受け手がいないまま新たな値を送られても、そこでロックして待たせます。データが送られていないのに受け取りを要求されてもロックします。この動作を確認するプログラムとして、goフォルダの下にrolldiceフォルダを作成し、rolldice.goという名前をつけて保存してください（リスト8-9）。

リスト8-9 rolldice.go：最初の内容

```
package main

import (
    "fmt"
    "math/rand"
    "time"
)

type dice struct {
    val int          出て欲しい値
}

func rollDice(d dice) {
    rand.Seed(time.Now().UnixNano())
    for {
        time.Sleep(10 * time.Millisecond)          10ミリ秒ごとに振る
        if d.val == rand.Intn(10) {
            break
        }
    }
    fmt.Printf("%dが出ました", d.val)
}
```

```
023:
024: func main() {
025:     d1 := dice{2}
026:     d2 := dice{6}
027:
028:     go rollDice(d1)
029:     go rollDice(d2)
030: }
```

2が出て欲しい

6が出て欲しい

「2が出ました」と出力すれば成功

「6が出ました」と出力すれば成功

リスト8-9は望みの目が出るまでサイコロ（ただし目の出方は0から9）を振ることを意図したプログラムです。9行目の構造体diceのフィールドvalが出て欲しい値です。並列処理がうまくいけば、適当なタイミングで「2が出ました」または「6が出ました」と出力されるはずですが、ビルド・実行しても何も表示されません。先ほど説明しましたが、main関数がさっさと終わってしまうためです。

そこで、チャンネルを使用するようにプログラムに変更を加えます。まずrollDice関数の引数にチャンネルを追加します。チャンネルのデータ型chanには、通過させるデータ型intも添えます。関数の中身は最後の1行だけを書き換え、d.valをこの関数の中で書き出させるのではなく、チャンネルに渡します。

そしてmain関数中でチャンネルのインスタンスcを作成し、rollDice関数の2番目の引数にcを渡すようにします。

rollDice関数を呼び終わったら、cから順番に値を取り出します。cには2回値が送られるので、2回取り出すように書いてあります。これ以上取り出そうとすると、並列処理が「デッドロック（お互いにロックし合って処理全体が止まること）」します。

以上のように修正したrolldice.goを構築して実行すると、「2が出ました」「6が出ました」のどちらかが先に出力されます。もし、中身がどうなっているか知りたければ、rollDice関数に繰り返しを追加します。

これらの変更を反映したrolldice.goがリスト8-10となります。

リスト8-10 rolldice.go：チャンネルを用いるように変更する

```
package main

import (
    "fmt"
    "math/rand"
    "time"
)

type dice struct {
    val int
}

func rollDice(d dice, c chan int) {
    rand.Seed(time.Now().UnixNano())
    for {
        time.Sleep(100 * time.Millisecond)
        v := rand.Intn(10)
        if d.val == v {
            fmt.Printf("出たァー¥n")
            break
        } else {
            fmt.Printf("%dか...%dではないな¥n", v, d.val)
        }
    }
    c <- d.val
}

func main() {
    d1 := dice{2}
    d2 := dice{6}

    c := make(chan int)
    go rollDice(d1, c)
    go rollDice(d2, c)

    x, y := <-c, <-c

    fmt.Printf("%dが出ました¥n", x)
    fmt.Printf("%dが出ました¥n", y)
}
```

リスト8-10を再度ビルドして実行すると、きちんとサイコロが振られているのが確認できます。場合によっては40回くらい振らなければならないこともあり、長い出力になります。

● **実行結果**

```
7か...6ではないな
3か...2ではないな
4か...6ではないな
7か...2ではないな
3か...6ではないな
出たァー
9か...6ではないな
2か...6ではないな
2か...6ではないな
5か...6ではないな
出たァー
2が出ました
6が出ました
```

◎ 複数のチャンネルを使い分ける

チャンネルは複数作成することが可能です。この動作を確認するプログラムとして、goフォルダの下にchooseanimalsフォルダを作成し、chooseanimals.goという名前をつけて保存してください（リスト8-11）。

リスト 8-11 chooseanimals.go

```
package main

import (
    "fmt"
    "math/rand"
    "time"
)

func choose(cf, cd, quit chan int) {
    for {
        select {
        case count := <-cf:
            fmt.Printf("カエルが%d匹¥n", count)
        case count := <-cd:
            fmt.Printf("アヒルが%d羽¥n", count)
        case <-quit:
            fmt.Println("終了")
            return
        }
    }
}
```

```
022:
023: func countRandom(cf, cd, quit chan int) {
024:     rand.Seed(time.Now().UnixNano())
025:     for i := 0; i < 5; i++ {
026:         count := rand.Intn(10) + 1
027:         if count%2 == 0 {
028:             cf <- count
029:         } else {
030:             cd <- count
031:         }
032:     }
033:     quit <- 1
034: }
035:
036: func main() {
037:     cf := make(chan int)
038:     cd := make(chan int)
039:     quit := make(chan int)
040:
041:     go countRandom(cf, cd, quit)
042:     choose(cf, cd, quit)
043: }
```

9～21行目のchoose関数は、main関数の中でどのチャンネルから送られたデータかによって異なる処理を行います。

23～34行目のcountRandom関数は、1から10までの数をランダムに発生させ、偶数が出たか奇数が出たかで異なるチャンネルにその数を送ります。5回処理を繰り返したら、さらに別のチャンネルに、終了信号を想定した数1を送ります。

36～43行目のmain関数で実際にチャンネルcf、cd、quitを作成し、choose関数とcountRandom関数の2つの関数の引数に渡します。

リスト8-11をビルド・実行すると、たとえば以下のように出力されます。

● **実行結果**

```
カエルが10匹
アヒルが7羽
アヒルが1羽
アヒルが3羽
カエルが8匹
終了
```

SECTION 04

Go言語で書けるWebサーバー

本書の仕上げとして最後に簡単なWebサーバーを作っていきましょう。Go言語を使えば、Webサーバーなどの有用な機能も非常に簡単に書けることが実感できるはずです。

◎ Webサーバープログラムに必要なパッケージ

Webサーバーのプログラムに必要なパッケージとその働きは表8-1の通りです。

表8-1 **Webサーバーのプログラムに必要なパッケージと働き**

パッケージ	働き
net/http	要求を受け取ったり応答を返したりサーバーの随所で活躍する
html	Webページの表示に用いる。サンプルプログラムではhtml/templateのみ使用
html/template	文字列からHTML文を作成する

◎ Go言語のWebサーバーを動かすしくみ

Webサーバーの動作を確認するプログラムとして、goフォルダの下にwebsvフォルダを作成し、websv.goという名前をつけて保存してください（リスト8-12）。

リスト8-12 websv.go

```
001:  package main
002:
003:  import (
004:      "net/http"
005:      "html/template"
006:      "io/ioutil"
007:      "fmt"
008:      "os"
009:  )
010:
011:  func main() {
012:      http.Handle("/", http.HandlerFunc(makePage))
013:      http.ListenAndServe(":8782", nil)
014:
015:  }
016:
017:  func makePage(resw http.ResponseWriter, req *http.Request) {
018:      content, err := ioutil.ReadFile("indexhtml.txt")
019:      if err != nil {
020:          fmt.Println("テンプレートファイル読み込み失敗", err)
021:          os.Exit(1)
022:      } else {
023:          templatestr := string(content)
024:          templ := template.Must(template.New("sendname").Parse(templatestr))
025:          templ.Execute(resw, req.FormValue("yourname"))
026:      }
027:  }
```


「Webサーバーを書く」と言っても、ゼロから書くわけではありません。Go言語の実行環境には簡単なWebサーバーが最初から備わっているのです。それを起動するのが13行目のサーバーの実行部分です。

● **Go言語のWebサーバーを動かす部分**

```
http.ListenAndServe(":8782", nil)
```

ポート8782で待ち受ける

最初の引数はサーバーのポート番号です。ここでは「8782」を指定しています。みなさんが使用中の他のサービスのポートと競合しないようにしてください。

2番目の引数にはこのサーバーの要求を処理する関数名を指定しますが、nilにしておくとGo言語に備わっている関数が呼ばれます。このように要求が来た時に呼ばれる関数は一般に**ハンドラ**（handler）と呼ばれています。

◎ 特定のページが呼ばれた場合

サーバーにはいろいろな段階で呼ばれるハンドラがあり、特定のページが呼ばれたときにはまた別のハンドラが呼ばれます。このプログラムでは、ドキュメントルート（/）が呼ばれた時のハンドラを指定しておきます。

● **ドキュメントルート（/）/が呼ばれたときの動作にハンドラmakePageを呼び出す**

```
func main(){
    http.Handle("/", http.HandlerFunc(makePage))
    省略
    func makePage(resw http.ResponseWriter, req *http.Request){
    省略
```

ハンドラmakePageを呼び出す

reqを受けとって、必要なデータを取り出す。
reswでHTML文を書き出す

◎ テンプレートをファイルから読み込む

リスト8-12で実現したいのは図8-6のような動作です。「こんにちは！どちらさまですか」と表示される下にあるテキストフィールドに名前を入力し、送信ボタンを押すと、「こんにちは！」のあとに入力した名前が表示されます。

これは小さな「Webフォーム」で、JavaScriptではありません。入力された値をサーバーで受け取って処理し、ページを再描画します。

図8-6 このサーバーで行いたいこと

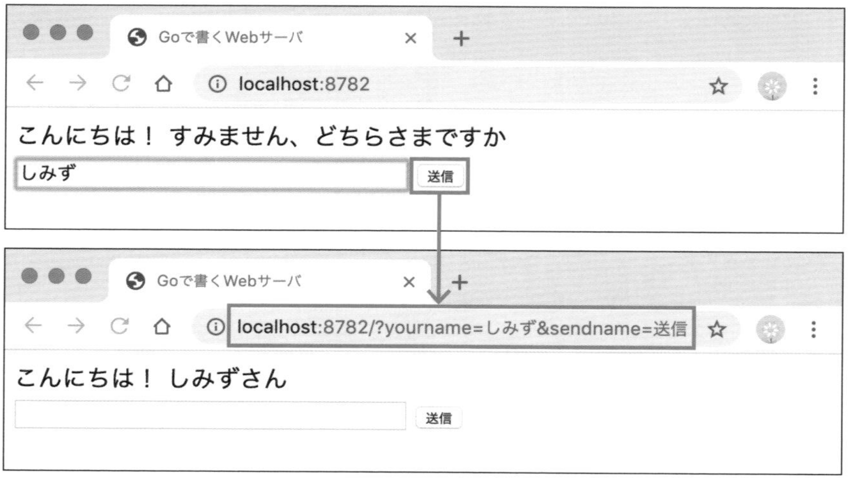

フォームを含むページは、テンプレートファイル（リスト8-13）から文字列としてプログラムに読み込みます。テンプレートの文字列には、Go言語のプログラムで解析する記述を埋め込めます。

リスト8-13 indexhtml.txt

```
<html>
<head>
<title>Go言語で書くWebサーバー</title>
</head>
<body>
こんにちは！
{{if .}}
    {{.}}さん
{{else}}
すみません、どちらさまですか
{{end}}

<form action="/" name=f method="GET">
    <input size=40 name=yourname value="" title="名前を入力してください:">
    <input type=submit value="送信" >
</form>
</body>
</html>
```

このファイルの後半にHTML形式でフォームを記述してあります。フォームはテキストフィールドと送信ボタンからなります。テキストフィールドの属性nameには値を指定します。

makePage関数の中でindexhtml.txtを読み込んで文字列（18行目）とし、変数templateStrに代入します（23行目）。

◎ フォームからの送信データを受け取る

tmplateStrからHTMLの内容を作成する場合は、以下のように記述します。

● **文字列からHTMLの内容を作成**

```
templ, err := template.Parse(templateStr)
```

しかし、この「err」でまた処理プログラムを書くのが面倒になりますので、Must関数を用いてエラーが出た場合は処理を停止するように書いています（24行目）。

● **エラーが出たら処理を停止してくれるMust関数**

```
templ := template.Must(template.New("sendname").Parse(templatestr)))
```

25行目で、「フォームから送信されてきたデータで、名前がyournameであるものを受け取って、reswでHTML文に書き出す」という処理が一気にされています。

● **要求を受け取ってページを書き出す**

```
templ.Execute(resw, req.FormValue("yourname"))
```

「このreswやreqはどこから持ってくるのか」と気になるかもしれません。実は、Go言語の実行環境で適切に与えてくれています。12行目でハンドラとしてこのmakePage関数の名前を与えたので、あとはGo言語で任せられるのです。

リスト8-12をビルドして実行すると、ターミナルは固まったかのような状態になり、入力もできなくなります。このとき無限ループが続いていると想像してください。

Webブラウザを開いて、「http://localhost:8782」とアドレスを入力してください。先ほどの図8-6の操作が行えます。プログラムを終了させるには、Ctrl＋Cを押して強制終了させます。

INDEX

な行

は行

ま行

や行

ら行

［著者略歴］

清水 美樹（しみず みき）

東北大学工学研究科博士後期課程修了(1992年)。同学助手（1996年まで）。専攻の「資源工学」は物理化学実験中心で、プログラミングは結婚退職後ほぼ独学。初めてのプログラミングを前にした当惑や苛立ちに深く共感。2004年「はじめてのNetBeans」以来、工学社「はじめて」本シリーズを多数執筆。プログラミング言語は広く浅く、読者が最初の壁を乗り越えるための手助けをライフワークとする。2019年から東京都在住。

● **カバーデザイン**
菊池 祐（ライラック）
● **本文デザイン**
ライラック
● **DTP**
技術評論社　制作業務部
● **編集**
春原 正彦
● **技術評論社ホームページ**
https://book.gihyo.jp/116

■ **お問い合わせについて**

本書の内容に関するご質問は、下記の宛先までFAXまたは書面にてお送りください。なお電話によるご質問、および本書に記載されている内容以外の事柄に関するご質問にはお答えできかねます。あらかじめご了承ください。

〒162-0846
東京都新宿区市谷左内町21-13
株式会社技術評論社　書籍編集部
「たった1日で基本が身に付く！　Go言語　超入門」質問係
FAX番号　03-3513-6167

なお、ご質問の際に記載いただいた個人情報は、ご質問の返答以外の目的には使用いたしません。また、ご質問の返答後は速やかに破棄させていただきます。

たった1日《にち》で基本《きほん》が身《み》に付《つ》く！　Go《ゴー》言語《げんご》　超入門《ちょうにゅうもん》

2020年11月11日　初版　第1刷発行

著者　清水《しみず》美樹《みき》
発行者　片岡　巌
発行所　株式会社技術評論社
東京都新宿区市谷左内町21-13
電話　03-3513-6150　販売促進部
03-3513-6160　書籍編集部
印刷／製本　図書印刷株式会社

定価はカバーに表示してあります。

ISBN978-4-297-11617-0　C3055
Printed in Japan